4
1973

WISSENSCHAFTLICH-TECHNISCHE ZEITSCHRIFT FÜR DIE CHEMIEFASER- UND TEXTILINDUSTRIE

BEGRUNDET VON
ERICH CORRENS UND WALTER FRENZEL

HERAUSGEGEBEN VON ERICH CORRENS
WOLFGANG BOBETH – HANS BÖHRINGER – HERMANN KLARE
BURKART PHILIPP – CHRISTIAN RUSCHER

SCHRIFTLEITER J. BRÄMER UND I. RUSCHER

Faserforsch. u. Textiltechnik • 24. Jahrg. • Heft 4 • Seiten 143—180 • Berlin im April 1973
FSTXA7 24 (4) 143—180 (1973) Preis: 15,— M • Sonderpreis DDR: 9,— M

DK 661.728.36:661.728.312:532.74:66.046:539.215.087.9

Philipp, Burkart, und *Stöhr, Werner*

Untersuchung zur Vernetzung der Cellulose bei thermischer Schädigung mit Hilfe der konduktometrischen Partikelzählung

Faserforsch. u. Textiltechnik **24** (1973) 4, S. 143—146, 5 Tab., 18 Lit.

Die Änderung der Partikelzahl nach Auflösen der Probe in EWNN sowie des Cuoxam-DP durch eine thermische Behandlung von Linters und Holzzellstoffen sowie daraus hergestellten Hydrocellulosen wurde verfolgt, wobei neben dem Ausgangsmaterial die Temperatur und Zeit sowie das Medium (N_2 oder Luft) der thermischen Behandlung variiert wurden. Zur Deutung der Ergebnisse wird eine Überlagerung von Abbau und Vernetzung bei der thermischen Behandlung von Cellulose angenommen.

DK 677.06:677.862.511.21:678.64/.65:677.017.83:547.281.1:543.854.6

Günther, Iris, de la Torre, Hector, und *Flath, Hans-Joachim*

Untersuchungen zum Kondensationsverlauf bei der Knitterarmausrüstung mit N-Methylolverbindungen

I. Mitt.: Charakterisierung der N-Methylolverbindungen

Faserforsch. u. Textiltechnik **24** (1973) 4, S. 155—162, 3 Abb., 2 Tab., 39 Lit.

Nach einer kurzen Betrachtung der Kondensationsreaktionen werden die Methoden der qualitativen und quantitativen Bestimmung der N-Methylolverbindungen in reinen Vorkondensaten bzw. Handelsprodukten der Knitterarmausrüstung besprochen. Dabei nehmen neben der Bestimmung des freien und des Gesamtformaldehyds die der Methylolgruppen und des Kondensationszustandes einen besonderen Platz ein. Die Umsetzungsmöglichkeiten der N-Methylolverbindungen mit nucleophilen Substanzen und Oxydationsmitteln werden untersucht.

DK 677.463:677.862.516.2:542.929.4:536.495:543.274:543.5

Ščeglov, P. P., Ioffe, T. A., Pen'kova, M. P., und *Tjuganova, M. A.*

Die Untersuchung der gasförmigen Bestandteile von Zersetzungsprodukten flammfester Viskosefasern

Faserforsch. u. Textiltechnik **24** (1973) 4, S. 147—150, 4 Abb., 4 Tab., 5 Lit.

Die qualitative und quantitative Zusammensetzung der bei thermischer und thermooxydativer Zersetzung und bei Flammenverbrennung erhaltenen Produkte von flammfest ausgerüsteten und nichtausgerüsteten Viskosefasern wurden gaschromatographisch und chemisch bestimmt. Vergleichende kinetische Untersuchungen zum Zersetzungsverlauf wurden durchgeführt.

DK 677.64:[677.017.57:537.221]:537.242

Löbel, Wilfried

Zur Aufladbarkeit von Personen beim Begehen von textilen Fußbodenbelägen

Faserforsch. u. Textiltechnik **24** (1973) 4, S. 163—169, 4 Abb., 1 Tab., 4 Lit.

Die physikalische Charakteristik des Aufladevorgangs von Personen beim Begehen von Fußbodenbelägen wird anhand eines Ersatzschaltbildes dargestellt. Es werden Grenzwerte der elektrischen Parameter angegeben, bei deren Einhaltung keine Schreckwirkung durch elektrostatische Aufladung beim Begehen eintritt. Für die Prüfung der elektrostatischen Aufladbarkeit von Fußbodenbelägen werden Richtlinien angegeben.

DK 677.494.675'126:677.494.674'524'420:[677.017.57:537.221]:677.014.87

Jeziorny, Andrzej, und *Urbańczyk, Grzegorz W.*

Einfluß der übermolekularen Struktur von Synthesefaserstoffen auf ihre Fähigkeit zu elektrostatischen Aufladungen

Faserforsch. u. Textiltechnik **24** (1973) 4, S. 151—155, 3 Abb., 1 Tab., 9 Lit.

Die elektrostatische Aufladung von Polycaproamid- und Polyäthylenterephthalatfaserstoffen wurde in Abhängigkeit vom Kristallinitätsgrad, von der Orientierung im Material und von den mittleren Kristallitabmessungen untersucht.

Kurze Mitteilungen

DK 678.674'524'420:678.046.2:678.029.82:543.062:543.436

Berger, Werner, und *Ewert, Karl-Heinz*

Zur quantitativen Bestimmung von Ruß in schwarzpigmentierten Polyäthylenterephthalatmaterialien

Faserforsch. u. Textiltechnik **24** (1973) 4, S. 169—171, 2 Abb., 15 Lit.

Die Zeitschrift „Faserforschung und Textiltechnik" erscheint monatlich in Heften zu 48 Textseiten im Format A 4. Der Preis für das Einzelheft beträgt M 15,— (Sonderpreis für DDR M 9,—), für den Vierteljahrbezug M 45,— (Sonderpreis für DDR M 27,—), zuzügl. Bestellgeld. Die Berechnung erfolgt zu Beginn eines Vierteljahrs für 3 Hefte. Bestellungen aus dem Gebiet der Deutschen Demokratischen Republik an ein Postamt, eine Buchhandlung oder den Verlag, aus der Deutschen Bundesrepublik an eine Buchhandlung oder die Auslieferungsstelle Kunst und Wissen, Erich Bieber, 7 Stuttgart 1, Wilhelmstraße 4—6, aus dem Ausland an eine Importbuchhandlung, den Deutschen Buch-Export und -Import GmbH., 701 Leipzig, Postschließfach 276, oder den Akademie-Verlag GmbH., 108 Berlin, Leipziger Str. 3—4 (Fernruf: 220441; Telex-Nr. 0112020; Postscheckkonto 35021) erbeten. Bestellnummer dieses Heftes: 1014/24/4. Alleinige Anzeigenannahme DEWAG-WERBUNG, 1054 Berlin, Wilhelm-Pieck-Str. 49, und alle DEWAG-Betriebe in den Bezirksstädten der DDR. — Bestellungen in der UdSSR nehmen entgegen: Städtische Abteilungen von „SOJUZPECHATJ" bzw. Postämter und Postkontore.

Herausgeber und verantwortlich für den Inhalt: Prof. Dr. Dr. Erich Correns, Institut für Polymerenchemie der Akademie der Wissenschaften der DDR, 153 Teltow-Seehof, Fernruf: Teltow 4831; Prof. Dr.-Ing. habil. Wolfgang Bobeth, Institut für Technologie der Fasern der Akademie der Wissenschaften der DDR, 801 Dresden, Hohe Str. 6, Fernruf: 44721; Prof. Dr.-Ing. Hans Böhringer, 682 Rudolstadt; Prof. Dr. Hermann Klare, Prof. Dr. habil. Burkart Philipp und Dr. habil. Christian Ruscher, Institut für Polymerenchemie der Akademie der Wissenschaften der DDR, 153 Teltow-Seehof, Fernruf: Teltow 4831. Schriftleiter: Joachim Brämer und Dipl.-Chem. Ingeborg Ruscher, 153 Teltow-Seehof, Kantstr. 55. Verlag: Akademie-Verlag GmbH., 108 Berlin, Leipziger Straße 3—4. Satz und Druck: Druckhaus „Maxim Gorki", 74 Altenburg. — Veröffentlicht unter der Lizenznummer 1280 des Presseamtes beim Vorsitzenden des Ministerrates der Deutschen Demokratischen Republik.

Faserforschung und Textiltechnik

WISSENSCHAFTLICH-TECHNISCHE ZEITSCHRIFT FÜR DIE CHEMIEFASER- UND TEXTILINDUSTRIE

Band 24 April 1973 Heft 4

Untersuchungen zur Vernetzung der Cellulose bei thermischer Schädigung mit Hilfe der konduktometrischen Partikelzählung

Burkart Philipp und Werner Stöhr

Akademie der Wissenschaften der DDR, Institut für Polymerenchemie in Teltow-Seehof, und Chemiefaserwerk „Friedrich Engels" Premnitz des VEB Chemiefaserkombinat Schwarza

DK 661.728.36 :661.728.312 :532.74 :66.046 :539.215.087.9

Die Änderung der Partikelzahl nach Auflösen der Probe in EWNN sowie des Cuoxam-DP durch eine thermische Behandlung von Linters und Holzzellstoffen sowie daraus hergestellten Hydrocellulosen wurde verfolgt, wobei neben dem Ausgangsmaterial die Temperatur und Zeit sowie das Medium (N_2 oder Luft) der thermischen Behandlung variiert wurden. Zur Deutung der Ergebnisse wird eine Überlagerung von Abbau und Vernetzung bei der thermischen Behandlung von Cellulose angenommen.

Изучение процесса сшивки целлюлозы в результате термического воздействия методом кондуктометрического подсчета гель-частиц

Изучены изменения содержания гель-частиц в растворах образцов делинта и древесной целлюлозы, а также полученных из них гидроцеллюлоз в ЖВНК и СП в куоксаме, происходящие в результате термической обрадотки. Последняя проводилась при различных температурах, продолжительности и в различной среде (азот или воздух). Полученные результаты объясняются одновременным протеканием процессов деструкции и сшивки при термической обработке целлюлозы.

Investigations on Crosslinking of Cellulose during Thermal Degradation by Conductometric Particle Counting

The changes in particle number after dissolution of the sample in EWNN and the change in Cuoxam-DP by thermal treatment of linters, wood pulps and hydrocellulose has been investigated. Besides the initial material, the temperature and time as well as the medium of thermal treatment (N_2 or air) were varied. A superposition of degradation and crosslinking is suggested in explaining the results obtained.

1. Einführung

Die ursprünglich zur Erythrozytenzählung im Blut entwickelte und später in vielfältiger Form zur Erfassung der Inhomogenitäten in Viskose- [1, 2, 3], Polyacrylnitril- [4] und Celluloseacetat- [5] Lösungen herangezogene konduktometrische Partikelzählung [6] wurde in letzter Zeit auch zur Untersuchung der Vernetzungsvorgänge bei der thermischen Belastung von Polyamid 6 [7] und Polyäthylenterephthalat [8] erfolgreich eingesetzt. Durch Partikelzählung nach Auflösen der Proben in einem geeigneten Medium gelang es, Kenngrößen für das Ausmaß einer den Schmelzspinnprozeß störenden und möglicherweise die Produkteigenschaften beeinflussenden thermischen „Vergelung" der Polymerschmelze zu gewinnen. Auch bei einer thermischen Schädigung der Cellulose durch Behandlung bei Temperaturen im Bereich zwischen 150 und 300 °C werden solche Vernetzungsvorgänge angenommen, so von *Kilzer* und *Broido* [9] im Zusammenhang mit einer Wasserabspaltung aus dem Cellulosemolekül, wie auch von *Back* [10], der als Sekundärreaktion bereits thermisch geschädigter Monomereinheiten eine Bildung von intermolekularen Halbacetalbrücken diskutiert. *Philipp* und *Baudisch* [11] hatten nach thermischem Abbau von Cordviskosefäden bei 150 °C und anschließender Äthanolyse des Abbauprodukts einen zum Teil sehr erheblichen Anstieg des nach längerer Äthanolyse erreichten DP im Vergleich zu einer nicht vorher thermisch behandelten und nur äthanolysierten Probe festgestellt. Nachdem somit thermische Vernetzungsvorgänge bei Cellulose verschiedentlich postuliert wurden, sollte nun mit Hilfe der konduktometrischen Partikelzählung nach Wiederauflösen thermisch behandelter Proben versucht werden, solche Vernetzungsvorgänge nachzuweisen.

2. Versuchsmethodik

Als *Ausganngsmaterial* dienten die in Tabelle 1 aufgeführten Holz- und Lintercelluloseproben sowohl im ursprünglichen Zustand als auch nach heterogener Hydrolyse bis zu den angegebenen DP-Werten. Im Hinblick auf den von uns festgestellten starken Einfluß chlorhaltiger Extraktstoffe auf den thermischen Abbau von Holzzellstoffen [12]

Tabelle 1. Kennwerte der eingesetzten Celluloseproben

Ausgangsmaterial	Cuoxam-DP [13]	α-Cell. %	Extrakt %	COOH m mol/kg [14]	Cuoxam DP (nach Hydrolyse)	m mol COOH/kg (nach Hydrolyse)
Baumwoll-Linters	1840	99	—	8	143	1,3
Fichtensulfitzellstoff I	690	90,1	0,4	27	—	—
Fichtensulfitzellstoff II	750	94,3	0,3	22	142	18
Buchensulfitzellstoff	760	91,2	0,4	23	243	14

Tabelle 2. Teilchenzahlen verschiedenartiger Celluloseproben vor und nach thermischem Abbau unter N_2

Celluloseprobe	Abbau-temp. °C	DP nach Abbaudauer von				Zahl der Partikel > 10 μm nach einer Abbaudauer von			
		0 h	1 h	4 h	40 h	0 h	1 h	4 h	40 h
Linters	170	1571	1225	1184	815	$1912 \cdot 10^3$	$470 \cdot 10^3$	$166 \cdot 10^3$	$40 \cdot 10^3$
Linters	200	1571	1098	851	415	$1912 \cdot 10^3$	$1116 \cdot 10^3$	—	$142 \cdot 10^3$
Buche-Sulfit	170	763	632	587	407	$426 \cdot 10^3$	$594 \cdot 10^3$	—	$432 \cdot 10^3$
Buche-Sulfit, extrahiert	170	762	685	650	579	$205 \cdot 10^3$	$208 \cdot 10^3$	—	$199 \cdot 10^3$
Fichte-Sulfit I	170	695	569	—	388	$344 \cdot 10^3$	$742 \cdot 10^{+3}$	—	$2126 \cdot 10^3$
Fichte-Sulfit I, extrahiert	170	692	591	—	513	$282 \cdot 10^3$	$422 \cdot 10^{+3}$	—	$234 \cdot 10^3$
Fichte-Sulfit II	170	749	610	—	562	$352 \cdot 10^3$	$856 \cdot 10^3$	—	$4410 \cdot 10^3$

wurde je ein Fichten- und Buchensulfitzellstoff sowohl im Ausgangszustand als auch nach Extraktion mit einem Methanol/Benzol-Gemisch 1 :1 eingesetzt.

Den *thermischen Abbau* führten wir isotherm bei den Temperaturstufen 170 °C und 200 °C in einem Röhrenofen im trockenen Stickstoff- oder Luftstrom durch, wobei die Holzzellstoffe und die Lintersprobevorher im lufttrockenen Zustand in einer Schlagkreuzmühle zu Watte zerkleinert wurden und die Abbaudauer zwischen einer und 48 h variiert wurde.

Zur *Partikelzählung* wurden die Ausgangsproben wie auch die thermisch behandelten Proben in einer nach [15] bereiteten EWNN-Lösung während 6 h unter Schütteln bei 20 °C zu einer 0,1%igen Lösung aufgelöst, die dann in bereits beschriebener Weise [16] im konduktometrischen Zählgerät ZG 1 (VEB Transformatoren- und Röntgenwerk Dresden) der Partikelzählung unterworfen wurde. Die in den folgenden Tabellen angegebenen Werte wurden aus jeweils ca. 50 Einzelmessungen gemittelt.

3. *Versuchsergebnisse*

Die Untersuchung der verschiedenen Abbauserien mußte z. T. mit unterschiedlichen Ansätzen der EWNN-Lösung erfolgen. Auch bei Einhaltung der Arbeitsvorschrift [15] zur Bereitung der Lösung ergaben sich Unterschiede in der Lösekraft der einzelnen Ansätze, so daß die im folgenden angegebenen, jeweils auf 1 g Celluloseeinsatz umgerechneten (vgl. [3]) Partikelzahlen nur innerhalb jeder Tabelle, nicht aber zwischen sämtlichen Tabellen vergleichbar sind.

Eine Gegenüberstellung der Partikelzahlen verschiedenartiger Zellstoffe und einer Lintersprobe vor und nach thermischem Abbau zeigt Tabelle 2.

Die in Tabelle 3 zusammengefaßten Werte erhielten wir aus einer mit einem anderen Ansatz von EWNN-Lösung durchgeführten Meßreihe, die unter Verwendung des Fichtensulfitzellstoffs I einer eingehenderen Untersuchung des „Extrakteinflusses" diente.

Im DP tritt in allen Fällen bei fortschreitender thermischer Behandlung der erwartete stetige Abfall ein, und zwar mit einer vom Ausgangsmaterial abhängigen unterschiedlichen Geschwindigkeit (vgl. [12]). Bei den Partikelzahlen hingegen ist je nach der eingesetzten Probe sowohl ein Anstieg als auch eine Abnahme möglich. Bei Linters sinkt nach thermischem Abbau die Partikelzahl erheblich ab, indem offenbar eine „rückstandsfreie Auflösung" sowohl durch die DP-Abnahme als auch eine gleichzeitige Strukturauflockerung bei thermischer Schädigung (vgl. [17]) begünstigt wird. Bei einem nicht extrahierten Fichtensulfitzellstoff hingegen beobachteten wir einen sehr deutlichen, durch zwei unabhängige Meßreihen gesicherten Anstieg der Partikelzahl, der eindeutig mit der Anwesenheit Cl-haltiger, extrahierbarer Substanzen im Zusammenhang steht, denn bei Einsatz einer extrahierten Probe und dem damit verbundenen Rückgang im Chlorgehalt von 0,089% im Ausgangsstoff auf 0,026% im extrahierten Stoff sinkt nicht nur, wie erwartet [18], die vor der thermischen Behandlung gemessene Teilchenzahl merklich ab, sondern bleibt auch nach längerer thermischer Schädigung bei einem niedrigen annähernd konstanten Wert stehen.

Daß für den Anstieg der Partikelzahl offenbar nicht nur der absolute Cl-Gehalt im Zellstoff, sondern auch die Art der Extraktstoffe eine Rolle spielt, zeigt ein Vergleich von Fichten- und Buchenzellstoff: Bei letzterem trat trotz eines hohen Cl-Gehalts von 0,072% im Ausgangszellstoff kein signifikanter Anstieg in der Partikelzahl ein, und eine Extraktion führte lediglich zu der erwarteten Verringerung der Partikelzahl in der Ausgangsprobe, dagegen nicht zu einer Änderung des Verlaufs der Partikelzahl während eines thermischen Abbaus.

Im Gegensatz zum stetigen Abfall von Partikelzahl und DP bei thermischem Abbau nativer Baumwolllinters unter den hier angegebenen Bedingungen finden wir für eine vorher bis zum level-off-DP hydrolysierte Probe bei einer nachfolgenden thermischen Behandlung einen signifikanten Anstieg der Teilchenzahl, verbunden mit einer deutlichen Zunahme des in konventioneller Weise bestimmten Cuoxam-DP-Wertes wie auch des Gehaltes an Carboxylgruppen (Tabelle 4).

Tabelle 3. Einfluß der Extraktstoffe auf den Abbauverlauf des Fichtensulfitzellstoffs I (Abbautemperatur 170 °C, N_2)

Abbauzeit h	Zellstoff, nicht extrahiert		Zellstoff, extrahiert	
	DP	Zahl der Partikel > 14 μm	DP	Zahl der Partikel > 14 μm
nicht abgebaut	688	$1048 \cdot 10^3$	692	$1720 \cdot 10^3$
1	—	$3734 \cdot 10^3$	—	$1220 \cdot 10^3$
4	547	$4272 \cdot 10^3$	615	$1146 \cdot 10^3$
8	535	—	587	$1780 \cdot 10^3$
16	527	$5104 \cdot 10^3$	557	—
32	—	—	—	$1790 \cdot 10^3$
48	375	$12600 \cdot 10^3$	530	$1896 \cdot 10^3$

Tabelle 4. DP und Partikelzahl vor und nach thermischer Behandlung einer hydrolysierten Lintersprobe (170°C, N_2)

Behandlungsdauer h	Zahl der Partikel > 10 μm	DP	m mol COOH pro kg
0	$60 \cdot 10^3$	143	1,3
4	$66 \cdot 10^3$	178	3,8
16	$214 \cdot 10^3$	229	7,5

Aus den direkt vergleichbaren (gleicher EWNN-Ansatz) Partikelzahlen der Tabellen 2 und 4 geht hervor, daß eine thermisch nicht behandelte Hydrocellulose zu einer Lösung mit wesentlich weniger Partikeln führt als eine unbehandelte native Lintersprobe, was auf Grund des DP-Unterschieds und der mit dem hydrolytischen Abbau verbundenen Zerstörung der morphologischen Struktur einleuchtend erscheint.

Die aus je einem hydrolytisch abgebauten Fichten- und Buchensulfitzellstoff nach thermischer Behandlung unter N_2 und unter Luftzutritt erhaltenen Daten bestätigen im Prinzip die mit der Lintersprobe erhaltenen Ergebnisse (Tabelle 5).

Sowohl bei einem bis zum level-off-DP hydrolysierten Fichtenzellstoff als auch bei einem weniger stark hydrolytisch abgebauten Buchenzellstoff nimmt nach thermischer Behandlung die zunächst sehr niedrige Partikelzahl erheblich zu, wobei sich dieser Anstieg beim Übergang von einer rein thermischen zu einer thermooxydativen Behandlung, d. h. der Verwendung von Luft statt N_2 als Medium, verstärkt, ebenso wie bei einer Erhöhung der Behandlungstemperatur von 170°C auf 200°C. Bei dem bis zum LODP abgebauten Fichtenzellstoff tritt nach thermischer Behandlung bis 170°C sowohl unter N_2 als auch unter Luft kein Abfall, sondern wie bei der Lintersprobe der Tabelle 4 ein erheblicher Anstieg des DP auf, während bei der weniger stark hydrolytisch abgebauten Buchenzellstoffprobe die Richtung der DP-Änderung von den Bedingungen der thermischen Behandlung bestimmt wird. Ein Zusammenhang zwischen Ausmaß und Richtung der Änderung des Carboxylgruppengehalts und der Veränderung der Partikelzahl bei thermischer Schädigung ist aus dem in den Tabellen 4 und 5 zusammengefaßten Versuchsmaterial nicht zu erkennen.

4. *Zusammenfassende Diskussion und Schlußfolgerungen*

Die vorliegenden Ergebnisse können als experimenteller Hinweis betrachtet werden, daß bei einer thermischen Behandlung von Cellulose im Temperaturbereich zwischen 150 und 200°C neben den Abbau- auch Vernetzungsvorgänge ablaufen. Die analytischen Kenngrößen „DP“ und „Teilchenzahl der EWNN-Lösung“ geben dabei eine „Gesamtbilanz“ dieser beiden gegenläufigen Vorgänge wieder und können daher nach thermischer Schädigung sowohl zu- als auch abnehmen. Eine Vernetzung wird begünstigt durch eine Erhöhung der Behandlungstemperatur und durch einen Übergang von Reinstickstoff zu Luft als Medium. Außerdem scheinen bei Sulfitzellstoffen die Art und Menge chlorhaltiger Extraktstoffe eine wesentliche Rolle zu spielen, indem nur bei einem nicht extrahierten Fichtenzellstoff, nicht aber bei einem Buchenzellstoff mit ähnlich hohem Cl-Gehalt ein starker Anstieg der Partikelzahl schon bei thermischer Behandlung des nicht hydrolysierten Ausgangszellstoffs eintrat und hier auch Anomalien im DP-Verlauf im Anfangsstadium des thermischen Abbaus beobachtet wurden (vgl. [12]). Wenn auch eine Aggregation von Extraktstoffen bis zu mittels konduktometrischer Zählung erfaßbaren Partikeln (vgl. [18]) bei der thermischen Behandlung nicht auszuschließen ist, so sehen wir doch eine mögliche Ursache für den Einfluß chlorhaltiger Extraktstoffe in erster Linie in einer thermischen Abspaltung von HCl, das dann sowohl einen hydrolytischen Abbau als auch eine Vernetzung der Celluloseketten begünstigen kann.

In den analytischen Kenngrößen kommt eine thermische Vernetzung um so stärker zum Ausdruck, je niedriger der DP des Präparats vor der thermischen Behandlung lag und/oder je stärker dessen morphologische Struktur vorher aufgelockert bzw. zerstört wurde. So finden wir bei thermischer Behandlung nativer Celluloseproben grundsätzlich eine DP-Abnahme und nur für einen nicht extrahierten Fichtenzellstoff eine Zunahme der Partikelzahl, während bei vorher heterogen hydrolysierten Proben die Partikelzahl stets zunimmt und unter geeigneten Bedingungen (Hydrolyse bis zum LODP, Erhöhung der Temperatur bei thermischer Behandlung) der konventionell bestimmte Cuoxam-DP nicht absinkt, sondern ansteigt. Offen bleibt dabei die Frage, inwieweit in diesem Falle eine Umrechnung der Grenzviskositätszahlen der DP-Werte noch berechtigt ist. Auch eine Verfälschung der Viskositätszahlen durch geringe, bei der thermischen Vernetzung entstandenen Gelanteile kann zur Zeit nicht ausgeschlossen werden. Unabhängig von diesen noch offenen Fragen der Interpretation weist aber der Anstieg der Cuoxamviskosität nach thermischer Behandlung hydrolysierter Proben ebenfalls auf Vernetzungsvorgänge hin.

Auch für unsere frühere Beobachtung [11] eines Anstiegs des nach 7 h Äthanolyse erhaltenen DP-Wertes

Tabelle 5. Änderung von Partikelzahl und DP bei thermischer Behandlung von hydrolytisch abgebauten Holzzellstoffen

Zellstoff	therm. Behandlung Temp. °C	Medium	Zahl der Partikel > 10 μm 0 h	8 h	DP 0 h	8 h	m mol COOH/kg 0 h	8 h
Fichtesulfit II	170	N_2	$3 \cdot 10^3$	$40 \cdot 10^3$	142	188	18	14
,,	170	Luft	$3 \cdot 10^3$	$130 \cdot 10^3$	142	197	18	16
Buchesulfit	170	N_2	$4 \cdot 10^3$	$44 \cdot 10^3$	243	216	14	21
,,	170	Luft	$4 \cdot 10^3$	$64 \cdot 10^3$	243	200		
,,	200	N_2	$4 \cdot 10^3$	$4166 \cdot 10^3$	243	310	14	19
,,	200	Luft	$4 \cdot 10^3$	nicht meßbar	243	218	14	26

bei vorher thermooxydativ geschädigten Viskosecordseiden im Vergleich zum ungeschädigten Ausgangsmaterial ist auf Grund der jetzt erhaltenen Ergebnisse eine andere Deutung mit in Betracht zu ziehen. Während wir seinerzeit eine „thermische Rekristallisation", also eine Änderung der übermolekularen Struktur durch „Nebenvalenzvernetzung", als mögliche Ursache diskutiert hatten, können wir jetzt annehmen, daß die damals festgestellte Hemmung des äthanolytischen Abbaus auch mit auf eine Vernetzung von Celluloseketten während der vorangegangenen thermooxydativen Behandlung zurückzuführen ist.

Über die Art der bei thermischer Schädigung entstandenen Vernetzungsbrücken ist noch keine zuverlässige Aussage möglich; es wären sowohl Halbacetal- als auch Acetal- und Ätherbindungen in Betracht zu ziehen (vgl. [9, 10]). Von *Kilzer* und *Broido* [9] wurde auch die Ausbildung von C—C-Verknüpfungen als Möglichkeit erörtert. Eine nachträgliche zweite heterogene Hydrolyse einer thermisch behandelten Linters-LODP-Cellulose (vgl. Tabelle 4) ergab nach 1 h Kochen mit 1 n HCl eine Verringerung des DP auf den Ausgangswert von ca. 140. Dies schließt u. E. die Neuknüpfung von C—C-Bindungen wie auch die Bildung stabiler Ätherbrücken unter den hier angewandten Bedingungen der thermischen Behandlung aus und spricht eher für die Entstehung von Halbacetal- oder Acetalbrücken zwischen den Ketten.

Herrn Dr. *J. Baudisch* und Herrn Dr. *H. Schleicher*, Institut für Polymerenchemie der Akademie der Wissenschaften der DDR, danken wir für einige wertvolle Hinweise.

Literatur

[1] *Kolosh, F.*, und *Treiber, E.:* Teilchenbestimmung in Viskoselösungen. Svensk Papperstidn. **64** (1961) S. 577—588.

[2] *Parks, L. R.*, und *Jurbergs, K. A.:* Number and size distribution of particles in cellulosic solutions. J. appl. Polymer Sci. **4** (1960) S. 193—199.

[3] *Philipp, B.*, und *Schleicher, H.:* Zur Prüffiltration und Teilchenzählung an Viskosespinnlösungen. Faserforsch. u. Textiltechnik **15** (1964) S. 451—457.

[4] *Philipp, B., Lehmann, R.*, und *Zibell, W.:* Zur Verarbeitbarkeitsprüfung von Acrylnitrilpolymerisaten durch konduktometrische Partikelzählung. Faserforsch. u. Textiltechnik **16** (1965) S. 577—582.

[5] *Philipp, B.*, und *Bischoff, K.-H.:* Zur Beurteilung der Reaktionslösungen bei der Celluloseacetatherstellung durch konduktometrische Teilchenzählung. Faserforsch. u. Textiltechnik **16** (1965) S. 46—48.

[6] *Heidenreich, E.:* Zur Messung der Anzahl und Größe kleiner Feststoffteilchen im Subsiebbereich. Wiss. Z. Techn. Univ. Dresden **14** (1965) S. 1255—1264.

[7] *Jaeger, W., Jacob, W.*, und *Reinisch, G.:* Gelteilchenbestimmung in Polycaprolactamlösungen. Faserforsch. u. Textiltechnik **21** (1970) 12, S. 529—536.
Reinisch, G., Jacob, W., und *Jaeger, W.:* Quantitative Teilchenanalyse in Polycaprolactamlösungen. Faserforsch. u. Textiltechnik **20** (1969) 3, S. 152—154.

[8] *Becker, D., Zimmermann, H.*, und *Kolbig, Ch.:* Die Bestimmung von unlöslichen bzw. unschmelzbaren Partikeln in Polyäthylenterephthalat nach dem *Coulter*-Prinzip. Faserforsch. u. Textiltechnik **23** (1972) 11, S. 478—481.

[9] *Kilzer, F. J.*, und *Broido, A.:* Speculations on the nature of cellulose pyrolysis. Pyrodynamics **2** (1965) S. 151—163.

[10] *Back, F. L.:* Thermal auto-crosslinking in cellulose material. Pulp Paper Mag. Canada (1967) S. 1—7.

[11] *Philipp, B.*, und *Baudisch, J.:* Strukturuntersuchungen an Celluloseregeneratfäden mit chemischen Accessibilitätsmethoden. 4. Mitt.: Änderung der Struktur von Cordreyonfäden durch thermische Schädigung. Faserforsch. u. Textiltechn. **16** (1965) S. 449—456.

[12] *Philipp, B., Baudisch, J.*, und *Stöhr, W.:* Zum Einfluß einiger chemischer Faktoren auf den thermischen Abbau der Cellulose. Cellulose Chem. Technology, Jassy/Rum., in Druck.

[13] *Kocevar, F., Pogacnik, M.*, und *Povoden, V.:* Eine Modifizierung der Schnellmethode zur Bestimmung des DP von Cellulose nach *H. Doering.* Papier **11** (1957) 13/14, S. 301—303.

[14] *Philipp, B., Rehder, W.*, und *Lang, H.:* Zur Carboxylbestimmung in Chemiezellstoffen. Papier **19** (1965) S. 1—10.

[15] *Edelmann, K.*, und *Horn, E.:* Zur Herstellung und Anwendung der alkalischen Eisen-Weinsäure-Natrium-Komplexlösung für die viskosimetrische DP-Bestimmung der Cellulose. Faserforsch. u. Textiltechnik **9** (1958) S. 493—500.

[16] *Arnold, A., Philipp, B.*, und *Schleicher, H.:* Über Zusammenhänge zwischen dem Partikelspektrum von Viskosespinnlösungen und der Teilchenzahl von EWNN-Lösungen daraus hergestellter Celluloseregeneratfäden. Faserforsch. u. Textiltechnik **21** (1970) S. 361—366.

[17] *Philipp, B., Baudisch, J.*, und *Gaudig, A.:* Strukturuntersuchungen an Celluloseregeneratfäden mit chemischen Accessibilitätsmethoden.
5. Mitt.: Einfluß der übermolekularen Faserstruktur auf den thermischen Abbau von Cellulose in einer trockenen Stickstoffatmosphäre. Faserforsch. u. Textiltechnik **18** (1967) S. 9—17.

[18] *Arnold, A., Philipp, B.*, und *Schleicher, H.:* Zur Anwendung der konduktometrischen Partikelzählung auf Lösungen von Zellstoffen in EWNN. Faserforsch. u. Textiltechnik **22** (1971) S. 41—42.

Eingegangen am 29. November 1972

Die Untersuchung der gasförmigen Bestandteile von Zersetzungsprodukten flammfester Viskosefasern

P. P. Ščeglov, T. A. Ioffe, M. P. Pen'kova und M. A. Tjuganova
Moskauer Textilinstitut, Moskau/UdSSR

DK 677.463 :677.862.516.2 :542.929.4 :536.495 :543.274 :543.5

Die qualitative und quantitative Zusammensetzung der bei thermischer und thermooxydativer Zersetzung und bei Flammenverbrennung erhaltenen Produkte von flammfest ausgerüsteten und nicht ausgerüsteten Viskosefasern wurde gaschromatographisch und chemisch bestimmt. Vergleichende kinetische Untersuchungen zum Zersetzungsverlauf wurden durchgeführt.

Исследование газообразных компонентов продуктов разложения невоспламеняемых вискозных волокон

Проведено химическое и газово-хроматографическое определение качественного и количественного состава продуктов, образующихся при термическом и термоокислительном разложении, а также при горении в пламени вискозных волокон с невоспламеняемой отделкой и без нее. Приведены результаты сравнительных кинетических исследований процесса разложения.

The Investigation of Gaseous Degradation Products of Flame Retardant Rayon Fibers

The qualitative and quantitative composition of the products of thermal and thermooxydative degradation and flame combustion of rayon fibers with and without flame retardant finishing agents were determined by gas chromatography and chemical analysis. Comparative kinetic investigations on the degradation process were carried out.

1. *Einleitung*

Während der letzten Jahre wurden im komplexen wissenschaftlichen Laboratorium des Moskauer Textilinstituts neue Typen flammfester Materialien auf der Basis von mit stickstoff- und phosphorhaltigen synthetischen Polymeren [1] gepfropfter Cellulose im industriellen Versuchsmaßstab entwickelt und erprobt.

Genügend hohe physiko-mechanische Kennziffern der flammfesten Viskosefasern, leichte Anfärbbarkeit, die Möglichkeit der Verarbeitung dieser Fasern zu einem breiten Sortiment an Garn und Gewebe geben ihnen Perspektiven für die Anwendung in einer Reihe von Volkswirtschaftszweigen. Jedoch erlangt bei der Verwendung flammfester Materialien die Frage der qualitativen und quantitativen Zusammensetzung der gasförmigen Zersetzungsprodukte, die bei der Verbrennung oder bei Einwirkung hoher Temperaturen vom Material abgespalten werden können, besondere Bedeutung. Während der letzten Jahre zieht diese Frage die Aufmerksamkeit einer Reihe von Forschern auf sich, die auf dem Gebiet der Herstellung verschiedener Typen flammfester Materialien arbeiten [2, 3].

In der vorliegenden Arbeit sind kurz die Ergebnisse der von uns durchgeführten Untersuchungen zur qualitativen und quantitativen Zusammensetzung der gasförmigen Produkte angeführt, die bei thermischer und thermooxydativer Zersetzung und beim Verbrennen von flammfest ausgerüsteter und nicht ausgerüsteter Viskosefaser in einem breiten Temperaturbereich abgespalten werden, aber auch eine vergleichende Untersuchung zur Kinetik der Zersetzung dieser Fasern. Bei der Untersuchung wurden gepfropfte Cellulosecopolymere, die 1,80% Stickstoff und 2,68% Phosphor enthalten, und Viskosefasern verwendet, die von der einheimischen Chemiefaserindustrie der UdSSR produziert werden. Besondere Aufmerksamkeit wurde der Bestimmung des Gehaltes an Phosphinen und Cyanwasserstoff als den am stärksten toxischen Zersetzungsprodukten gewidmet, die bei Einwirkung hoher Temperaturen entstehen.

2. *Untersuchungsmethodik*

Die thermische und thermooxydative Zersetzung der untersuchten Fasern wurde auf einer Laborapparatur nach der in [4] beschriebenen Methodik durchgeführt. Die Einwaagen für die Untersuchung betrugen 1 bis 2 g Substanz. Die thermische Zersetzung wurde nach der Methode des Hitzeschocks in Argon bei 540 bis 860 °C realisiert. Die thermooxydative Zersetzung erfolgte im Luftstrom bei einer Geschwindigkeit von 500 ml/min. Die Faserproben wurden hierbei im Quarzofen mit einer Geschwindigkeit von 30 grd/min im Temperaturintervall von 20 bis 900 °C erhitzt. In einem geschlossenen System wurde die Flammenverbrennung im Luftstrom bei einer Geschwindigkeit von 1 bis 5 l/min und einer Temperatur von 850 bis 870 °C nach dem auf Bild 1 dargestellten Schema verwirklicht.

Die gasförmigen Produkte, die bei der Zersetzung abgespalten werden, wurden gaschromatographisch, massenspektrometrisch und chemisch analysiert.

Für die Analyse benutzten wir einen Chromatographen vom Typ ChL-4 mit zwei Kolonnen. Eine davon ist mit Alumogel zur Trennung der Kohlenwasserstoffe von C_2 bis C_4, die andere mit dem Molekularsieb Ch 13 zur Trennung

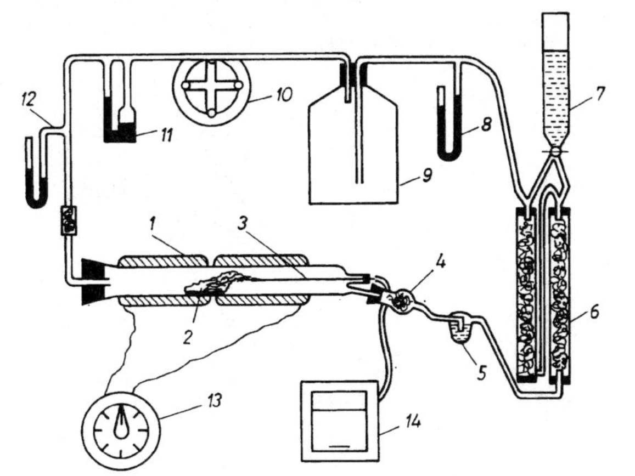

Bild 1. Schema der Apparatur für die Verbrennung von Polymermaterialien im Luftstrom

1 Ofen — 2 Einwaage der Faserprobe — 3 Thermoelement 4 — Filter — 5, 7 Absorptionsgefäße — 6 Absorptionskolonnen — 8, 12 Manometer — 9 Luftvorratsgefäß — 10 Pumpe — 11 Rheometer — 13 Transformator — 14 Potentiometer 2 ĖPP-09-2M

Tabelle 1. Zusammensetzung der gasförmigen Produkte der thermischen Zersetzung von nicht ausgerüsteten und flammfest ausgerüsteten Viskosefasern

Temperatur	Ausgangsviskosefaser (Vol. %)							Flammfeste Viskosefaser (Vol. %)								
°C	Teer Masse %	Koks Masse %	C_3H_8	H_2	CH_4	CO	CO_2	Teer Masse %	Koks Masse %	C_3H_8	H_2	CH_4	CO	CO_2	NH_3	HCN
560	33,0	0	6,43	4,68	2,29	62,1	23,5	28,5	30,3	10,35	10,2	11,9	44,95	16,0	6,7	0
660	28,9	0	17,20	8,45	9,2	49,4	15,6	33,0	30,0	7,19	10,7	5,81	57,3	12,4	6,6	0
760	23,2	0	24,5	10,4	9,9	41,4	13,3	29,0	24,37	17,5	18,68	9,68	39,05	9,7	5,0	0,39
860	22,8	0	14,4	11,0	13,9	49,6	10,8	23,4	25,26	25,74	11,71	15,0	42,05	3,2	2,1	0,2

von Wasserstoff, Sauerstoff, Stickstoff, Methan und Kohlenmonoxid gefüllt. Als Trägergas diente Argon. Zum Auffangen und zur anschließenden quantitativen Bestimmung von Ammoniak wurde eine Schwefelsäurelösung benutzt. Kohlendioxid und Cyanwasserstoff wurden in einer 5- bis 10%igen Kaliumhydroxidlösung absorbiert. Die Anwesenheit von Cyanwasserstoff wurde nach der Methode von *Liebig* [5] und Kohlendioxid aus der gebildeten Menge an Kaliumcarbonat bestimmt [6].

Die flüchtigen Zersetzungsprodukte wurden auch mit einem Massenspektrometer Mi-1305 analysiert. Die qualitative Zusammensetzung der Zersetzungsprodukte und der Gehalt an jeder Komponente im Gemisch wurden nach dem Katalog derMassenspektren organischer Verbindungen [7] ermittelt und sind in Übereinstimmung mit den quantitativen Analysenmethoden, die in der Literatur ausführlich dargelegt wurden [8, 9].

Die Massenspektren der flüchtigen Produkte wurden auf einem Gerät ĖPP-09 im Bereich von 1 bis 240 atomaren Masseneinheiten registriert[1]).

2.1. Thermische Zersetzung

Die Ergebnisse der thermischen Zersetzung der untersuchten Fasern sind in Tabelle 1 und auf Bild 2 dargestellt.

Bei der thermischen Zersetzung flammfester Viskosefasern spalten sich Kohlenwasserstoffe, Kohlenmonoxid und -dioxid, Wasserstoff, Methan, Ammoniak und Cyanwasserstoff ab.

[1]) Die Autoren danken den Mitarbeitern des Allunionsforschungsinstituts für synthetische Fasern in Kalinin *V. P. Aksenovoj* und cand. chem. sci. *E. P. Krasnov* für die bei der Arbeit erwiesene Hilfe.

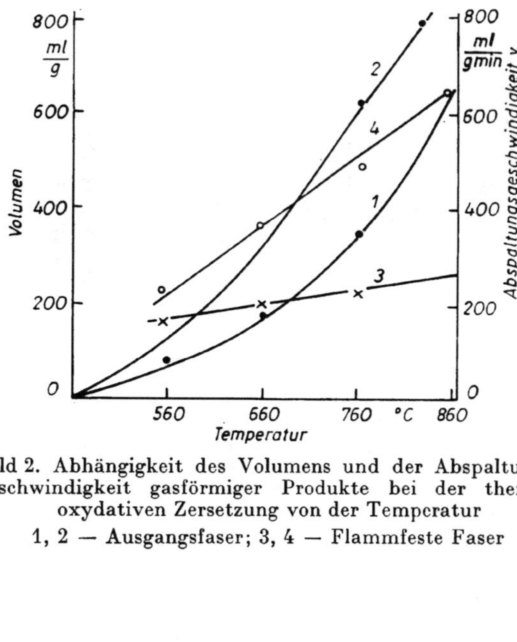

Bild 2. Abhängigkeit des Volumens und der Abspaltungsgeschwindigkeit gasförmiger Produkte bei der thermooxydativen Zersetzung von der Temperatur
1, 2 — Ausgangsfaser; 3, 4 — Flammfeste Faser

Die gasförmigen Hauptprodukte der thermischen Zersetzung sind Kohlenmonoxid und -dioxid, deren Menge 50 bis 70% vom Volumen der abgespaltenen Gase ausmacht und praktisch bei flammfester und nicht ausgerüsteter Viskosefaser gleich ist. Bei der thermischen Zersetzung von flammfester Viskosefaser ist bei 760 °C und darüber Abspaltung von Cyanwasserstoff zu beobachten.

Man muß bemerken, daß Viskosefasern bei thermischer Zersetzung bis zu 30% Teerprodukte absondern. Ausgangsviskosefaser zersetzt sich bei 560 °C ohne Bildung eines Verkokungsrückstandes, während flammfest ausgerüstete Faser einen Verkokungsrückstand von 30% und selbst bei 860 °C von 25% aufweist.

Die thermische Zersetzung der untersuchten Fasern wurde bei einer Temperatur oberhalb 560 °C durchgeführt, da bei niedrigeren Temperaturen flammfeste Fasern geringe Volumina gasförmiger Stoffe absondern und es nicht gelang, die Abspaltungsgeschwindigkeit derselben zu verfolgen.

Der Temperatureinfluß beim Hitzeschock auf Menge und Abspaltungsgeschwindigkeit der gasförmigen Produkte wird auf den Bildern 2 und 3 gezeigt.

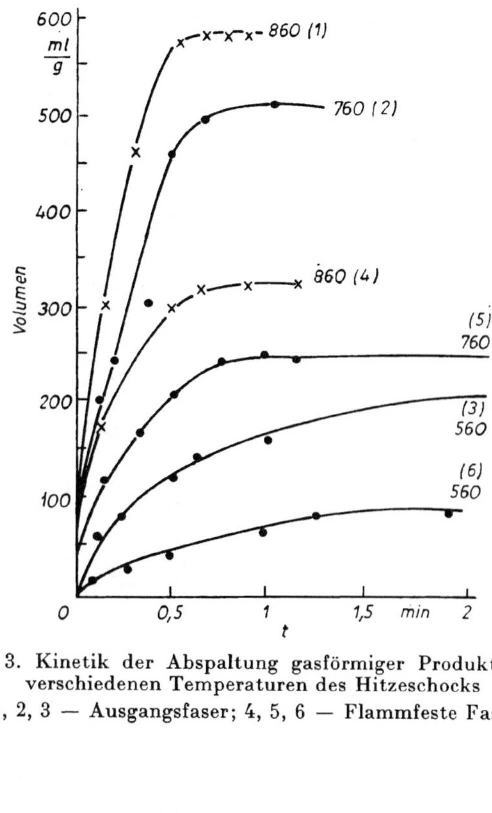

Bild 3. Kinetik der Abspaltung gasförmiger Produkte bei verschiedenen Temperaturen des Hitzeschocks
1, 2, 3 — Ausgangsfaser; 4, 5, 6 — Flammfeste Faser

Wie aus den angeführten Daten ersichtlich ist, wachsen mit einer Temperaturerhöhung beim Hitzeschock die Ausbeute an gasförmigen Stoffen und die Geschwindigkeit der thermischen Zersetzung gesetzmäßig. Die Bildungsgeschwindigkeit gasförmiger Produkte ist bei einer thermischen Zersetzung flammfester Viskosefasern im untersuchten Temperaturintervall zweimal niedriger als bei der Ausgangsfaser.

2.2. Thermooxydative Zersetzung.

Die Analysenergebnisse der gasförmigen Produkte einer thermooxydativen Zersetzung der untersuchten Viskosefasern sind in den Tabellen 2 und 3 sowie auf Bild 3 angeführt.

Der intensivste Oxydationsprozeß verläuft für nicht ausgerüstete und auch für flammfeste Viskosefasern im Temperaturintervall von 240 bis 320°C (Bild 4). In diesem Temperaturbereich bildet sich eine maximale Menge Kohlendioxid, und es findet eine maximale Erniedrigung der Konzentration an Sauerstoff im System infolge seines erhöhten Verbrauches für Oxydationsprozesse statt. Bei weiterer Temperaturerhöhung erfolgt eine Erniedrigung der Menge an abgespaltenem Kohlendioxid und entsprechend eine Erhöhung der Sauerstoffkonzentration im System. Für die thermooxydative Zersetzung flammfester Viskosefasern ist eine starke Abscheidung von Teerprodukten bei Temperaturen von 200 bis 530°C charakteristisch.

Deshalb ist das Volumen an gasförmigen Stoffen relativ klein und bedeutend niedriger als bei der Ausgangsfaser. Beim anschließenden zusätzlichen Erhitzen der abgeschiedenen Teerprodukte bis auf Temperaturen von 800 bis 900°C (es wird ein zusätzlicher Ofen aufgestellt) erfolgt die Bildung von Cyanwasserstoff. Die Gesamtzusammensetzung der gasförmigen Produkte, die bei der Verbrennung flammfester Faser mit zusätzlichem Veraschen der Teerprodukte erhalten werden, ist in Tabelle 2 und 3 dargestellt.

Tabelle 2. Ergebnisse zur massenspektrometrischen Analyse der gasförmigen Produkte der thermooxydativen Zersetzung flammfester Viskosefasern

Temperatur °C	Zusammensetzung der Zersetzungsprodukte in mol%				
	CO_2	CO	H_2O	HCN	PH_3
220···330	21,7	73,0	5,1	0,2	0
370···505	54,3	34,0	13,3	1,3	0
505···645	23,6	72,0	4,4	0	0
645···770	26,1	72,5	1,4	0	Spuren
850	39,0	61,0	0	0	Spuren

Tabelle 3. Zusammensetzung der gasförmigen Produkte der thermooxydativen Zersetzung flammfester Viskosefasern

Ofentemperatur °C	Koks Masse %	Teer Masse %	gasförmige Stoffe Masse%		
			H_2	CO_2	HCN
530	26,34	37,83	2,23	42,99	Spuren
600	27,69	35,84	2,34	53,0	0
680	21,28	22,49	2,0	73,31	0
835	20,0	19,16	1,27	94,0	0

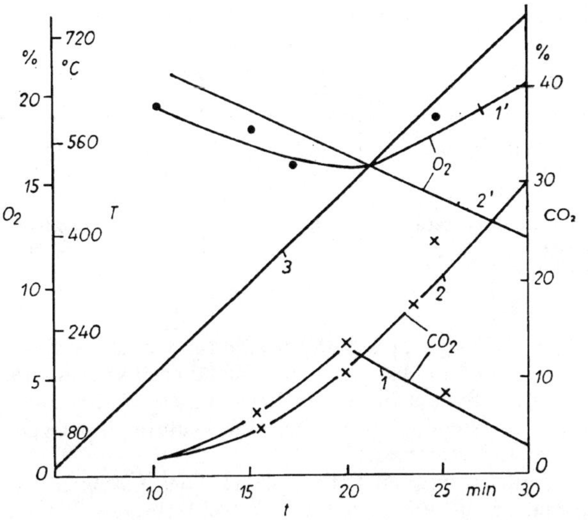

Bild 4. Änderung der Luftsauerstoffkonzentration und Kohlendioxidbildung bei der thermooxydativen Zersetzung von nicht ausgerüsteter und flammfester Viskosefaser

1 — CO_2-Bildung für Ausgangsfaser
2 — CO_2-Bildung für flammfeste Faser
1′ — O_2-Konzentrationsänderung für Ausgangsfaser
2′ — O_2-Konzentrationsänderung für flammfeste Faser
3 — Temperaturänderung des Versuchsmaterials mit der Zeit

Wie aus den Daten der massenspektrometrischen und chromatographischen Analyse ersichtlich ist, sind die gasförmigen Hauptprodukte der thermooxydativen Zersetzung flammfester Viskosefasern Kohlenmonoxid, -dioxid, Ammoniak und Wasser.

Es muß bemerkt werden, daß keine Bildung von Cyanwasserstoff stattfindet, wenn die abgespaltenen Teerprodukte nicht einer zusätzlichen Einwirkung hoher Temperaturen unterworfen werden. Bei 700 bis 850°C wurde die Anwesenheit von Phosphinspuren festgestellt. Praktisch der gesamte Phosphor verbleibt nach den Werten der Elementaranalyse im Verkokungsrückstand.

2.3. Verbrennung

Bei einer Flammenverbrennung von Viskosefasern ist die Zusammensetzung der gasförmigen Produkte nicht konstant und hängt von der Luftüberschußzahl α ab (Verhältnis zwischen dem der Verbrennung zugeführten Volumen und dem theoretisch notwendigen Volumen an Luft). Bei unseren Untersuchungen wurde die Luftüberschußzahl von 0,3 bis 3,5 durch Veränderung der Fasereinwaage (von 0,25 bis 3 g) bei einer Luftzufuhr von 3 l/min variiert.

Bei einer Flammenverbrennung verbrennt die nicht ausgerüstete Viskosefaser vollständig, während flammfeste 14 Masse% Verkokungsrückstand bildet.

Die Abhängigkeit der Zusammensetzung und der Menge an gasförmigen Verbrennungsprodukten von der Größe der Luftüberschußzahl ist in Tabelle 4 angeführt.

Wie aus den angeführten Werten ersichtlch ist, verändert eine Verbrennung von flammfester und nicht ausgerüsteter Viskosefaser bei verschiedenen Luftüberschußzahlen nicht wesentlich die Zusammensetzung

Tabelle 4. Zusammensetzung der gasförmigen Verbrennungsprodukte von nicht ausgerüsteten und flammfesten Viskosefasern

Fasertyp	Luftüberschußzahl	CO_2 Vol.%	O_2 Vol.%	NH_3 Vol.%	HCN Vol.%	N_2 Vol.%	CO Vol.%	CH_4 Vol.%	Koks Masse %
nicht ausgerüstete Faser	1,38···1,76	11,7	9,69	0,2	—	78,4	0	0	0
flammfeste Faser		12,0	8,74	0,23	—	79,0	0	0	14,15
nicht ausgerüstete Faser	0,7···0,68	17,0	3,0	0,27	—	79,73	0	0	0
flammfeste Faser		17,0	2,06	0,2	0,04	80,7	0	0	14,15

der gasförmigen Zersetzungsprodukte. Jedoch muß bemerkt werden, daß bei einer Luftüberschußzahl von 0,7 bis 0,68 im Falle der Verbrennung flammfester Viskosefasern eine unbedeutende Abspaltung von Cyanwasserstoff stattfindet.

In allen gezeigten Fällen ist bei einer Flammenverbrennung die Anwesenheit von Kohlenmonoxid nicht nachweisbar, was wahrscheinlich mit seiner hohen Umwandlungsgeschwindigkeit in Kohlendioxid in Gegenwart von Sauerstoff bei hohen Temperaturen verbunden ist. Bei Erniedrigung der Luftüberschußzahl wurde im Verlaufe der Verbrennung ($\alpha < 0,7$) die Bildung unbedeutender Mengen Kohlenmonoxid beobachtet.

3. *Schlußfolgerungen*

3.1. Die Kinetik der thermischen Zersetzung flammfester und nicht ausgerüsteter Viskosefasern wurde untersucht.

3.2. Die qualitative und quantitative Zusammensetzung der gasförmigen Zersetzungsprodukte der untersuchten Fasern wurde massenspektrometrisch und gaschromatographisch ermittelt.

3.3. Es wurde gezeigt, daß im Verlauf der thermischen Zersetzung flammfester Fasern sich sowohl die Abspaltungsgeschwindigkeit gasförmiger Produkte als auch ihre Gesamtmenge erniedrigt.

Die Autoren danken dem Leiter des Lehrstuhls für Technologie chemischer Fasern des MTI Prof. *Z. A. Rogovin* für die Anleitung und die Unterstützung bei der Durchführung der Arbeit.

Literatur

[1] *Rogovin, Z. A., Tjuganova, M. A., Krjažev, Ju, G.,* und *Žarova, T. Ja.:* Verfahren zur Herstellung flammfester Cellulosematerialien. SUP 13166 (1967) — Urheberschein, GBP 1022083 (1966), USP 3391096 (1968), DBP 1289024 (1969).

[2] *Smith, J. K., Rawls, H. R., Felder, M. S.,* und *Klein, E.:* A thermochemical investigation of cotton flame retardance. Textile Res. J. **40** (1970) 3, S. 211—216.
Godfrey, L. E. A.: Differential thermal analysis (DTA) and thermogravimetric analysis (TGA) studies of flame retardant rayon fibers. Textile Res. J. **40** (1970) 2, S. 116—126.

[3] *Hofmann, P.,* und *Raschendorf, F.:* Beitrag zur Beschreibung der Reaktionen von Flammschutzmitteln mit Baumwolle und Polyester im Bereich der Pyrolyse. Textilveredlung, Weinfelden/Schweiz **5** (1970) 6, S. 486—497.

[4] Sammelband wissenschaftlicher Arbeiten des VŠMVOD der UdSSR (1970) 26, S. 77.

[5] *Bobkov, S. S.,* und *Smirnov, S. I.:* Blausäure. Moskva: Chimija 1970.

Eingegangen am 12. Dezember 1972

Einfluß der übermolekularen Struktur von Synthesefaserstoffen auf ihre Fähigkeit zu elektrostatischen Aufladungen

Andrzej Jeziorny und Grzegorz W. Urbańczyk

Technische Hochschule, Łódź/VR Polen, Institut für Physik der Faserstoffe und chemische Ausrüstung

DK 677.494.675'126 : 677.494.674'524'420 : [677.017.57 : 537.221] : 677.014.87

Die elektrostatische Aufladung von Polycaproamid- und Polyäthylenterephthalatfaserstoffen wurde in Abhängigkeit vom Kristallinitätsgrad, von der Orientierung im Material und von den mittleren Kristallitabmessungen untersucht.

Влияние надмолекулярной структуры синтетических волокон на их электризуемость

Изучена электризуемость поликапроамидных и полиэтилентерефталатных волокон в зависимости от степени кристалличности, ориентации и средних размеров кристаллитов.

Effect of the Supramolecular Structure of Synthetic Fibers on the Accumulation of Electrostatic Charges

The accumulation of electrostatic charges on polycaproamide and polyethylene terephthalate fibers has been investigated in dependence on the degree of crystallization, orientation and mean crystallite size.

1. Einleitung

Die elektrostatische Aufladung von Faserstoffen bringt bekanntlich eine Reihe negativer Erscheinungen mit sich, sowohl während der technologischen Verarbeitungsprozesse als auch beim Einsatz der Erzeugnisse zu technischen oder Bekleidungszwecken. Die elektrostatische Aufladung von Fasern wird aber auch z. B. beim Faserspinnen und bei der Herstellung von Kunstpelzen sowie Kunstsamt ausgenutzt.

Obwohl die elektrostatische Aufladung von Faserstoffen und die damit verbundenen Erscheinungen allgemein beobachtet, bekämpft oder genutzt werden, ist das Wesen dieses Phänomens noch nicht voll erkannt. Zweifellos liegt das an der großen Zahl unterschiedlicher Faktoren, welche die elektrostatische Aufladung von Faserstoffen beeinflussen. Grundlegende Bedeutung besitzen dabei die chemische Konstitution und die physikalische Struktur des Materials. Außerdem hängt die elektrostatische Aufladung der Faserstoffe von einer Reihe experimenteller Bedingungen ab, wie z. B. der Feuchte der umgebenden Atmosphäre, der Reibung, der mechanischen, auf die Faserstoffe einwirkenden Kräfte und der Fasertransportgeschwindigkeit. Während der Einfluß der chemischen Konstitution des Materials auf seine Fähigkeit zur elektrostatischen Aufladung bereits vielfach untersucht worden ist, bleibt der Einfluß der physikalischen Mikrostruktur wenig erforscht. Es ist zu erwarten, daß durch die Kenntnis des Zusammenhanges der physikalischen Mikrostruktur von Faserstoffen mit deren Fähigkeit zur elektrostatischen Aufladung eine bewußte Einflußnahme auf die Aufladbarkeit mittels gezielter Veränderungen der übermolekularen Struktur der Faserstoffe ermöglicht wird.

2. Charakteristik des geprüften Materials

Gegenstand der Untersuchungen waren Proben von Polycaproamidfaserstoffen (PA 6) und Polyäthylenterephthalatfaserstoffen (PÄT) mit unterschiedlichen Parametern der physikalischen Mikrostruktur. Alle Proben wurden aus zwei Fasersorten hergestellt, deren Kennwerte in Tabelle 1 angegeben sind. Um eine differenzierte Orientierung der Ausgangsfaserstoffe zu erzielen, wurden sie unterschiedlich gereckt. Die nominellen Reckverhältnisse lagen zwischen 1,5 und 4,5. Um Proben unterschiedlicher Kristallinität und differenzierter Größe der geordneten Bereiche zu erhalten, wurden die Faserstoffe in einem Vakuumtrockenapparat thermisch behandelt. Dabei lagen die Behandlungstemperaturen für PA 6 zwischen 70 und 175 °C, für PÄT zwischen 100 und 220 °C. Dabei wurden unterschiedliche Behandlungszeiten zwischen 10 und 60 min sowie unterschiedliche Abkühlbedingungen gewählt. Unter den so hergestellten Proben wurden einerseits Faserstoffe mit differenzierter Kristallinität und relativ geringen Unterschieden in den Werten der übrigen Strukturparameter ausgewählt und andererseits Faserstoffe, bei denen die mittlere Größe der geordneten Bereiche variierte.

3. Übermolekulare Struktur der Faserstoffe

3.1. Bestimmung des Kristallinitätsgrades

Der Anteil der geordneten Bereiche in den untersuchten Faserstoffen wurde röntgenographisch bestimmt. Die Messungen wurden an einem DRON-1-Diffraktometer mittels Cu-Kα-Strahlung bei 30 kV, 26 mA durchgeführt. Die Be-

Tabelle 1. Kennwerte des Ausgangsmaterials zur Herstellung der Proben

Lfd. Nr.	Faserart	Gestalt des Musters	Reckgrad	Dichte g/cm³	mittlere rel. Molekülmasse	Lichtdoppelbrechung
1	2	3	4	5	6	7
1	PA-6-Polycaprolactamfaserstoffe, polnisches Erzeugnis	Garnfeinheit: tex 24 auf 12 Elementarfäden, unmattiert	0	1,1280	15410	0,0189
2	PÄT-Polyäthylenterephthalatfaserstoffe, polnisches Erzeugnis	Garnfeinheit: tex 38 auf 48 Elementarfäden, unmattiert	0	1,3480	17950	0,0148

stimmung eines absoluten Kristallinitätsindexes erfolgte in Anlehnung an die Integrationsmethode auf Grund korrigierter Werte der Streuintensität[1]).

3.2. Bestimmung der Baugüte der geordneten Bereiche

Unter Verwendung der von *Dismore* und *Statton* [4] vorgeschlagenen Methode wurde anhand der Röntgenstreukurven ein Baugüteindex für die geordneten Bereiche berechnet.

3.3. Bestimmung der mittleren Teilchengrößen

Die mittlere Breite (Δ) der geordneten Bereiche in Richtung senkrecht zur Netzebene (200) bei den PA-6- und (100) bei den PÄT-Faserstoffen wurde aus der Breite der entsprechenden Röntgeninterferenzlinien berechnet. Die erhaltenen Werte wurden nach der von *Kochendörfer* [5] vorgeschlagenen Methode korrigiert und zur Bestimmung eines Teilchengrößenäquivalents nach *Ruscher* [6] benutzt. Die mittlere Länge (L) der geordneten Bereiche wurde auf Grund der Röntgenkleinwinkelstreuung aus den Langperiodenreflexen berechnet. Die Messungen erfolgten mit einer *Kratky*-Kamera.

3.4. Bestimmung der Molekülorientierung

Zur Beschreibung der mittleren Molekülorientierung in den untersuchten Fasern wurde der optische Koeffizient der Orientierung (f_0) nach *Hermans* [7] benutzt. Die Lichtdoppelberechnung der Fasern wurde mit Hilfe eines Interferenz-Polarisations-Mikroskops nach der Methode von *Pluta* [8] bestimmt.

4. Erfassung des elektrischen Zustandes der Fasern

Unter dem Begriff der Faserelektrisierung verstehen wir das Phänomen der Anhäufung elektrostatischer Ladungen an der Faseroberfläche. Die Menge der angehäuften Ladung wird durch den „Aufladungsgrad" erfaßt. Die Elektrisierung ist Resultat zweier parallel verlaufender Prozesse, und zwar 1. der Entstehung elektrostatischer Ladungen und 2. der Ableitung dieser Ladungen von der Faseroberfläche zur Umgebung.

Die Dynamik beider Prozesse wird durch einen der grundlegenden elektrischen Parameter des Materials bestimmt, durch den elektrischen Widerstand. Deshalb wurden zur Kennzeichnung der elektrischen Eigenschaften der geprüften Faserstoffe sowohl die Flächendichte der auf den Faserstoffen entstehenden Ladung als auch der spezifische elektrische Widerstand berücksichtigt. Um die Reproduzierbarkeit der durchgeführten Messungen zu gewährleisten, wurden die Messungen im Normalklima durchgeführt, d. h. bei einer rel. Luftfeuchte von $\varphi = 65\% \pm 1\%$ und einer Temperatur von $20\,°C \pm 1$ grd. Die Einhaltung dieser Werte wurde durch eine entsprechende Konstruktion des Meßstandes gewährleistet.

4.1. Messungen der Flächendichte der Aufladung

Das Prinzip der Messungen der Flächendichte der auf den Fasern entstehenden Ladungen ist schematisch auf Bild 1 gezeigt. Das mit Hilfe eines Antriebsmechanismus von der Spule (C) abgezogene Garn läuft über eine Anordnung geerdeter Fadenführer und Fadenspanner (P und N), wonach es eine Messingwalze (WT) umschlingt (Umschlingungswinkel $= 90°$), auf der sich eine Reibungszone bildet. Die in dieser Zone entstehenden Aufladungen werden durch eine koaxiale, abgeschirmte Leitung über einen Elektrometer zur Erde geleitet.

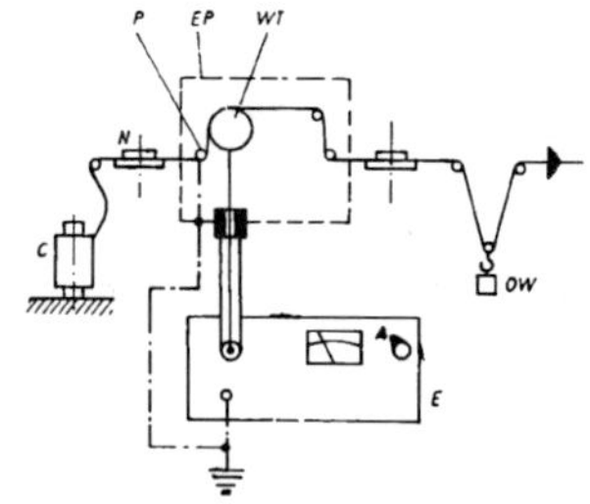

Bild 1. Schema für die Messung der elektrostatischen Aufladung von Faserstoffen
C — Garnspule, N — Fadenspanner, P — Fadenführer, EP — abgeschirmte Meßzelle, WT — Messingwalze von $\varnothing = 10$ mm, durch eine koaxiale Leitung mit dem Elektrometer verbunden, E — Elektrometer Typ 219 der Firma Unitra, OW — kompensierendes Gewicht

Die Flächendichte der Ladung wurde aus folgender Abhängigkeit berechnet:

$$\sigma = \frac{b \cdot v}{J} \, (C/\text{cm}^2), \qquad (1)$$

wobei σ die Flächendichte der Ladung in C/cm^2,
J den fließenden Strom in A,
b die Breite des elektrisierten Materials in cm
und v die Geschwindigkeit des Garnes in cm/s bedeutet.

Für die benutzte Prüfanordnung war $v = 54$ cm/s.

4.2. Messung des elektrischen Widerstandes der Faserstoffe

Die Messungen des Widerstandes wurden nach der Methode der Kondensatorentladung durchgeführt, wobei wir uns eines statischen Voltmeters der Firma Rothschild bedienten. Die Faserproben wurden mit einer Anfangsspannung von $U_0 = 100$ V aufgeladen. Anschließend wurde die Zeit t der Entladung bis zur Spannung $U_1 = 0{,}5\,U_0$ (bzw. $= 0{,}1\,U_0$) gemessen. Der Widerstand der Proben R_x wurde aus der Gleichung

$$R_x = \frac{t}{C \ln U_0/U_1} \qquad (2)$$

bestimmt, in der C die Kapazität der Meßanordnung bedeutet. Der aus zehn Messungen berechnete durchschnittliche Wert R_x bildete die Grundlage für die Bestimmung des spezifischen Widerstandes ϱ der geprüften Faserstoffe nach der Gleichung:

$$\varrho = \frac{R_x}{10^4 \cdot d \cdot l \cdot \text{Nm}}, \qquad (3)$$

in der d die Dichte der Faserstoffe in g/cm³,
l die Länge der Probe in m und
Nm die metrische Nummer der Probe

bedeutet.

5. Prüfergebnisse

Der besseren Übersicht halber sind die Meßergebnisse graphisch dargestellt worden. Die Diagramme zeigen den Zusammenhang zwischen den elektrischen

[1]) Die Korrektur der Intensitätswerte erfolgte auf die in [1] beschriebene Weise durch Anomalie des in [2] definierten Korrekturkoeffizienten.

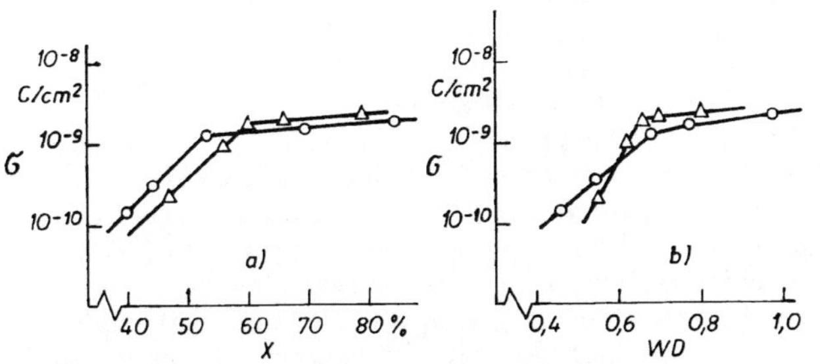

Bild 2a. Flächendichte der Ladung als Funktion des Kristallinitätsindexes X

Bild 2b. Flächendichte der Ladung als Funktion des Baugüteindexes WD

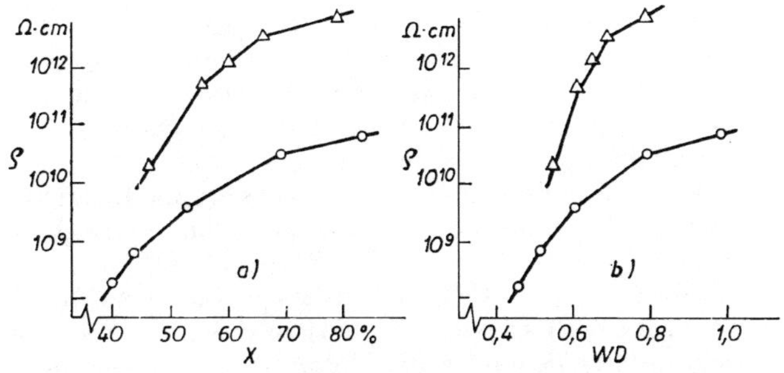

Bild 3a. Elektrischer Widerstand als Funktion des Kristallinitätsindexes X

Bild 3b. Elektrischer Widerstand als Funktion des Baugüteindexes WD

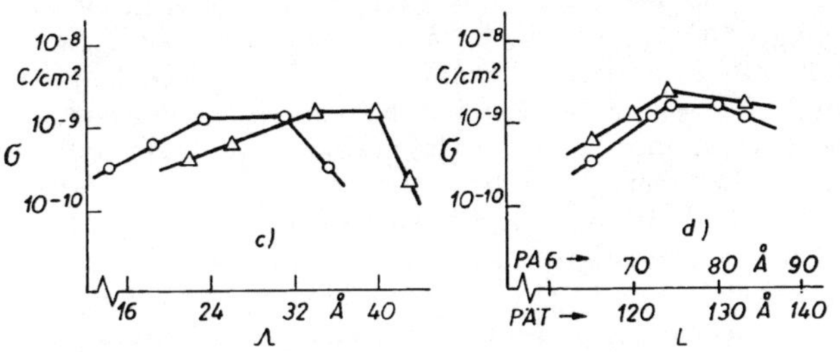

Bild 2c. Flächendichte der Ladung als Funktion der kristallinen Teilchengröße Λ

Bild 2d. Flächendichte der Ladung als Funktion der Länge der geordneten Bereiche L

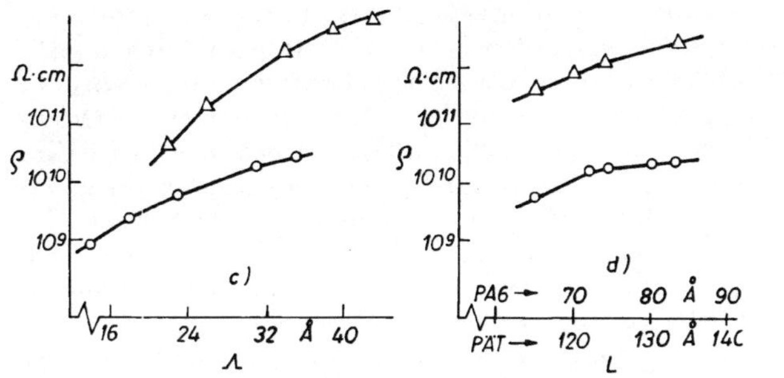

Bild 3c. Elektrischer Widerstand als Funktion der kristallinen Teilchengröße Λ

Bild 3d. Elektrischer Widerstand als Funktion der Länge der geordneten Bereiche L

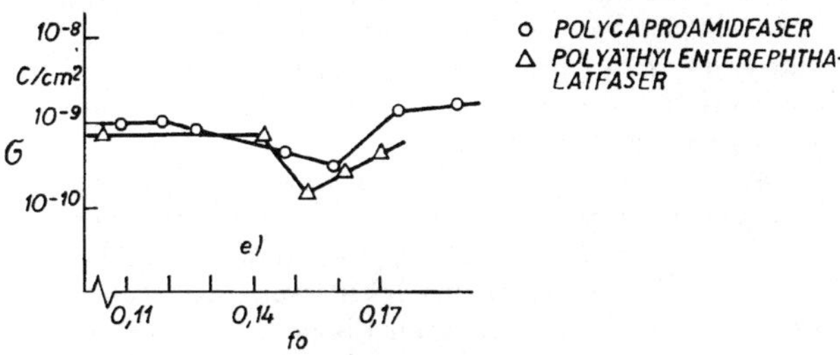

Bild 2e. Flächendichte als Funktion der Molekülorientierung in der Substanz f_0

Bild 2. Zusammenhang der Flächendichte der Ladung σ mit den Strukturparametern

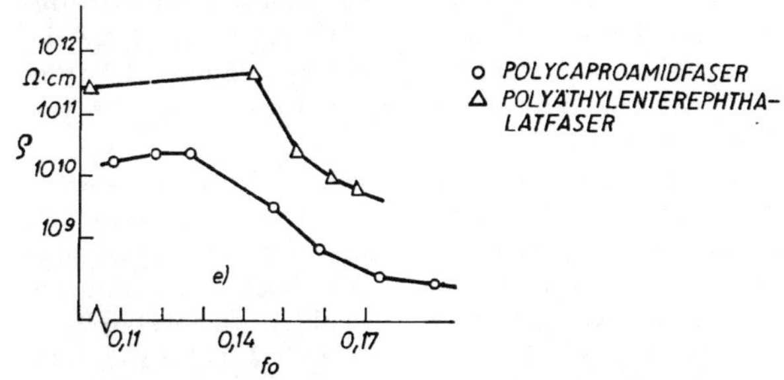

Bild 3e. Elektrischer Widerstand als Funktion der Molekülorientierung in der Substanz f_0

Bild 3. Zusammenhang des spezifischen elektrischen Widerstandes der Fasern ϱ mit den Strukturparametern

Parametern und den Parametern der übermolekularen Struktur. Die Diagramme zu Bild 2 geben die Abhängigkeiten zwischen der Flächendichte der Ladung (σ) und den einzelnen Parametern der übermolekularen Struktur der geprüften PA-6- und PÄT-Fasern wieder. Auf Bild 3 wurde dagegen der spezifische elektrische Widerstand (ϱ) als Funktion der Strukturparameter wiedergegeben.

6. *Diskussion der Ergebnisse*

Wenn man die an PA-6- und PÄT-Faserstoffen erhaltenen Meßergebnisse vergleicht, kann man für diese beiden Faserstoffe analoge Zusammenhänge der elektrischen mit den Strukturparametern feststellen. Diese Tatsache läßt darauf schließen, daß wir es mit allgemeinen Zusammenhängen zu tun haben, die für schmelzgesponnene Synthesefaserstoffe typisch sind. Die Untersuchungen betrafen zunächst die Flächendichte der unter konstanten Bedingungen durch Reibung an einem festen Körper erlangten Ladungen. Wir haben es hier mit einem Prozeß zu tun, der sich hauptsächlich an der äußeren Faserschicht abspielt. Einen entscheidenden Einfluß auf die Größe der auf den Faserstoffen entstehenden Ladung werden daher nur diejenigen Parameter der physikalischen Mikrostruktur haben, welche die Feinstruktur der Oberfläche bestimmen und Einfluß auf die wirkliche Kontaktfläche der Faserstoffe während des Reibungsvorganges haben. Unter Beachtung der erzielten Ergebnisse scheinen hier vor allem folgende Parameter von Wichtigkeit zu sein: der Kristallinitätsgrad der Substanz und die Molekülorientierung der Faserstoffe. Der Verlauf der Flächendichte der Ladung als Funktion der Kristallinität der Substanz (Bild 2a) bestätigt den Zusammenhang zwischen den Veränderungen der Mikrotopographie der Faseroberfläche mit Veränderungen des Anteiles an kristalliner Substanz in den Faserstoffen[2]).

Während des anfänglichen Anwachsens der Kristallinität wird mit der Entstehung kristalliner Lamellen die Bildung größerer kristalliner Aggregate in Form von Fibrillen möglich. Als Ergebnis dessen wächst die Kontaktfläche der Faserstoffe an, was zu einem raschen Anstieg der Flächendichte der Ladung führt. Nach Überschreiten eines Grenzwertes der Kristallinität häufen sich die Fibrillen an und bilden größere Bereiche hoher Ordnung. Das führt zu einem weiteren Anstieg des tatsächlichen Oberflächenkontaktes der Faserstoffe in der Reibungszone. Dieser Anstieg verläuft aber bedeutend langsamer als der anfängliche, weil die Ausfüllung interfibrillärer Räume in der Faseroberfläche nur beschränkt möglich ist. In diesem Bereich scheinen auch die Orientierungsprozesse auf den Charakter der Oberfläche Einfluß zu gewinnen. In Bild 2e ist der Zusammenhang der Ladungsdichte mit der Orientierung dargestellt. Im Anfang des Reckens, d. h. bis zu Reckgraden von etwa 3,5[3]) verläuft parallel zur Orientierung der kristallinen Aggregate eine Zerstörung kristalliner Lamellen. Es kann vermutet werden, daß dies zum Anwachsen der submikroskopischen „Rauheit" der Faseroberfläche und damit zur Verminderung der tatsächlichen Kontaktfläche in der Reibungszone führt. Nach Überschreitung eines bestimmten Grenzwertes des Reckens wird neben dem Anstieg der Orientierung der kristallinen Lamellen ein Prozeß der Bildung großer Bereiche hoher Ordnung beginnen, was eine allmähliche Glättung der Oberfläche und damit eine Vergrößerung des tatsächlichen Kontaktes zur Folge hat.

Die Messungen des elektrischen Widerstands an den PA-6- und PÄT-Faserstoffen zeigen, daß die Leitfähigkeit wesentlich vom molekularen Aufbau der Fasersubstanz abhängig ist. Die bei annähernd gleichen Parametern der übermolekularen Struktur beider Faserarten festgestellte höhere Leitfähigkeit der PA-6-Faserstoffe beweist, daß die chemische Zusammensetzung für die Leitfähigkeit des Polymeren ausschlaggebende Bedeutung hat. Gleichzeitig beweisen die festgestellten Unterschiede der elektrischen Leitfähigkeit der PA-6- und der PÄT-Faserstoffe, daß diese kein Oberflächenphänomen ist, sondern das Faserinnere auch einbezieht. Anderenfalls müßten die Werte für beide Faserarten annähernd gleich sein, da die submikroskopische Struktur der Faseroberfläche nicht vom molekularen Bau der Fasersubstanz abhängt, wie dies aus den Messungen der Flächendichte der Ladungen hervorgeht. Man kann erwarten, daß die elektrische Leitfähigkeit als Volumeneffekt von den Parametern der physikalischen Mikrostruktur, dem Anteil an kristalliner Substanz und der Molekülorientierung der Substanz abhängt.

Weiterhin sollten die mittleren Teilchengrößen Einfluß auf die Leitfähigkeit haben.

Die durchgeführten Messungen zeigen, daß sich mit dem Ansteigen des Kristallinitätsgrades die elektrische Leitfähigkeit vermindert (Bild 3). Dieser Verlauf der Kurve läßt auf den ionischen Charakter der Leitfähigkeit in den geprüften Faserstoffen schließen. Eine Änderung des Orientierungsgrades der Substanz ruft Änderungen des die Leitfähigkeit bestimmenden Parameters, der Beweglichkeit der Ladungsträger, hervor. Die Erhöhung der Kristallinität hat die Verlängerung des Weges der Ladungsträger durch den Anstieg des „undurchdringlichen" Anteiles in der Fasersubstanz zur Folge.

Die Abnahme der Leitfähigkeit erfolgt nicht gleichmäßig. Anfangs entspricht dem Anwachsen der Kristallinität eine rasche Abnahme der elektrischen Leitfähigkeit; später im Bereich höherer Kristallinitätswerte vermindert sich die Geschwindigkeit dieser Abnahme. Es scheint, daß die Ursachen für diesen Verlauf in der „Qualität" der kristallinen Anteile zu suchen sind. In der ersten Etappe trägt die schnell anwachsende Querausdehnung der entstehenden kristallinen Lamellen zur schnellen Verminderung der elektrischen Leitfähigkeit bei, im Bereich hoher Ordnung wird die Geschwindigkeit des Anwachsens der Teilchengrößen geringer. Dies hat die erwähnte langsame Abnahme der Leitfähigkeit zur Folge.

Die Ursachen für den Verlauf des elektrischen Widerstandes als Funktion der Orientierung (Bild 3e) sind, wie es scheint, im Mechanismus des Orientierungsprozesses, in der Veränderung der gegenseitigen Anordnung kristalliner und nichtkristalliner Anteile während des Reckens zu suchen.

Anfangs, bis zu einem Reckgrad von etwa 2,5, verursacht der Orientierungsanstieg eine geringere Verschlechterung der Leitfähigkeit. Bei diesen Reckverhältnissen erfolgt eine schnelle Orientierung der Makromoleküle in den nichtkristallinen Bereichen. Dies führt zu einem schnellen Anwachsen der Packungsdichte dieser Bereiche, was sich durch Verminderung der Beweglichkeit der Ladungsträger als Zunahme des elektrischen Widerstandes auswirkt. Vom Reckgrad 2,5 an bleibt dagegen das Tempo des Ansteigens der Orientierung der kristallinen und nichtkristallinen Bereiche im Prinzip konstant[4]). Die Orientierungszunahme führt nun zu einer deutlichen Verbesserung der Leitfähigkeit. Diese Verbesserung ist auf den Abbau räumlicher Hindernisse für die Ladungsträger bei zunehmender Orientierung zurückzuführen.

7. *Schlußfolgerungen*

Die Ergebnisse der beschriebenen Untersuchungen lassen sich wie folgt zusammenfassen: Die elektrostatische Aufladung schmelzgesponnener Faserstoffe wird in starkem Maße vom Kristallinitätsgrad des Materials, der Molekülorientierung in der Substanz und in geringem Maße von den mittleren kristallinen Teilchengrößen beeinflußt. Starke elektrostatische Auf-

[2]) Ein analoger Zusammenhang besteht zwischen der Flächendichte der Ladung und dem Index der Baugüte der geordneten Bereiche (Bild 2b). Die Ähnlichkeit beider Abhängigkeiten war zu erwarten und läßt sich voll begründen. Nimmt man einen einphasigen übermolekularen Aufbau der Fasersubstanz an, dann beschreiben Kristallinitätszahlen und die Baugüteindices der geordneten Bereiche ein und dieselbe physikalische Größe.

[3]) Die Minima der Kurven auf Bild 2e liegen bei Orientierungswerten, die bei Reckgraden von etwa 3,2 und 3,5 erreicht werden.

[4]) Diese Tatsache wurde bei anderen Forschungsarbeiten festgestellt.

ladungen sind für Faserstoffe mit hoher Kristallinität, niedriger Orientierung und grobkörniger kristalliner Struktur zu erwarten. Umgekehrt wird ein relativ schwacher Effekt bei Faserstoffen mit niedriger Kristallinität, hoher Orientierung und feinkörniger Struktur zu erwarten sein.

Literatur

[1] *Urbańczyk, G. W.*: Fizyka włókna. Warszawa: WNT 1970, S. 128.
[2] *Jeziorny, A.*: Włókna sztuczne. Informationsber. IWSS, Łódź, IV. 1971, Teil III, S. 42.
[3] *Wakelin, I., Virgin, H.*, und *Crystal, E.*: Development and comparison of two X-ray methods for determining the crystallinity of cotton cellulose. J. appl. Physics **30** (1959) S. 1654—1662.
[4] *Dismore, P. F.*, und *Statton, W. O.*: Chain folding in oriented nylon 66 fibers. J. Polymer Sci., C: Polymer Symposia (1966) 13, S. 133—148.
[5] *Kochendörfer, A.*: Linienverbreiterung von cosinusförmigen Gitterstörungen. Z. Kristallogr. **101** (1936) S. 149—155.
[6] *Ruscher, Ch.*: Über die röntgenographische Bestimmung der Teilchengröße. Faserforsch. u. Textiltechnik **9** (1958) S. 485—487.
[7] *Hermans, P. H.*: Contribution to the Physics of Cellulose Fibers. Amsterdam: Elsevier Publ. 1946, S. 135.
[8] *Pluta, M.*: Verwendung des Interferenz-Polarisationsmikroskops MPI zur Messung der Doppelbrechung der Gewebefasern. Przegl. włókienn. (Textil-Rdsch.) **19** (1965) S. 261—266.
[9] Sammelheft „Staticzieskoje eliektriczestwo pri pierierabotkie chimiczeskich volokon". Legkoj Prom., Moskva (1966) S. 168.

Eingegangen am 3. November 1972

Untersuchungen zum Kondensationsverlauf bei der Knitterarmausrüstung mit N-Methylolverbindungen[1)]

I. Mitt.: Charakterisierung der N-Methylolverbindungen

Iris Günther, Hector de la Torre[2)] *und Hans-Joachim Flath*
Technische Universität Dresden, Sektion Chemie

DK 677.06 :677.862.511.21 :678.64/.65 :677.017.83 :547.281.1 :543.854.6

Nach einer kurzen Betrachtung der Kondensationsreaktionen werden die Methoden der qualitativen und quantitativen Bestimmung der N-Methylolverbindungen in reinen Vorkondensaten bzw. Handelsprodukten der Knitterarmausrüstung besprochen. Dabei nehmen neben der Bestimmung des freien und des Gesamtformaldehyds die der Methylolgruppen und des Kondensationszustandes einen besonderen Platz ein. Die Umsetzungsmöglichkeiten der N-Methylolverbindungen mit nucleophilen Substanzen und Oxydationsmitteln werden untersucht.

Изучение хода процесса конденсации при несминаемой отделке N-метилольными соединениями.
Сообщ. I. Охарактеризовывание N-метилольных соединений

После краткого обзора реакций конденсации приводятся методы качественного и количественного определения N-метилольных соединений в чистых предконденсатах и промышленных продуктах для несминаемой отделки. Особое внимание при этом уделено не только определению свободного и общего формальдегида, но и определению содержания метилольных групп и степени конденсации. Изучены возможные реакции взаимодействия N-метилольных соединений с нуклеофильными соединениями и окислителями.

Investigations on the Condensation Process during Crimp Resistant Finishing with N-Methylol Compounds
1st Comm.: Characterization of N-methylol Compounds

A review on the condensation reactions is followed by a discussion of the methods for the qualitative and quantitative determination of methylol compounds in pre-condensates and commercial products applied in crease resistant finishing. Besides the determination of methylol groups, particularly the determination of free and overall formaldehyde and of the state of condensation is considered. The reaction of N-methylol compounds with nucleophilic substances and oxydation agents is investigated.

Zielsetzung

Über das Problem der Optimierung von Bügelfreiausrüstungen findet man in der Literatur nur wenige systematische Angaben. Die Untersuchungen beschränken sich im allgemeinen auf die textilphysikalischen Parameter der ausgerüsteten Gewebe. Die chemischen Prüfungen sind mit großen Schwierigkeiten verbunden und werden daher nur selten angewendet.

Wir stellten uns die Aufgabe, die funktionellen Gruppen der zur Knitterarmausrüstung verwendeten Substanzen und ihrer Reaktionsprodukte chemisch zu erfassen. Mit Hilfe der als brauchbar ermittelten Analysenmethoden wurden anschließend die mit ausgewählten Substanzen veredelten Gewebe untersucht bzw. der Kondensationsverlauf verfolgt. Weiter war die Relation zwischen Kondensationsverlauf und textilphysikalischen Eigenschaften des ausgerüsteten Gewebes von Interesse.

1. *Kondensationsreaktionen der N-Methylolverbindungen*

Über den Verlauf der Polykondensation der Methylolverbindungen von Harnstoff und Melamin, die unter Abspaltung von Formaldehyd und Wasser erfolgt, sind in der Literatur sehr unterschiedliche Ansichten zu finden. Erst in jüngster Zeit wurden Betrachtungen über den Reaktionsmechanismus der Aminoplast-Reaktionen auf elektronentheoretischer Basis angeführt.

Schon frühzeitig wurde erkannt, daß bei der Kondensation mehrere Reaktionen gleichzeitig ablaufen. Die Zusammen-

[1)] Auszug aus der Dissertation von *H. de la Torre* und *I. Günther* „Untersuchungen zum Kondensationsverlauf bei der Knitterarmausrüstung mit N-Methylolverbindungen", Technische Universität Dresden 1971.

[2)] Jetzige Anschrift: Laboratorio Central de Investigaciones Textiles, Carretera de Varona Km 1, Havanna, Kuba.

setzung des entstehenden Harzes und die Kondensationsgeschwindigkeit sind stark von dem vorherrschenden pH-Wert abhängig.

Staudinger und *Wagner* [1] wiesen die Bildung von Methylenbrücken ($>N-CH_2-N<$) bei der sauren Kondensation nach. *Walter* [2] isolierte eine Methylenharnstoffverbindung mit einer Azomethingruppe ($>N-CO-N{=}CH_2$) und nahm an, daß die Kunstharzbildung über eine intramolekulare Wasserabspaltung und Polymerisation verläuft.

Alle Reaktionen, die zur Harzbildung führen, stellen nach *Elöd* und *Herion* [3] Gleichgewichtsreaktionen dar, die nur durch die Entfernung des bei der Kondensation abgespaltenen Wassers und Formaldehyds einseitig zur Harzbildung verschoben werden. *De Jong* und *de Jonge* [4] halten die Kondensationsreaktionen von Methylolgruppen und Amidogruppen zur Methylenbrücke für eine Reaktion zweiter Ordnung. Sie weisen darauf hin, daß in sauren wäßrigen Lösungen die Ätherbrücke $-CH_2-O-CH_2-$ kaum auftritt. Sie nehmen an, daß nur lineare oder verzweigte Kettenpolymere gebildet werden, und zwar durch schrittweise Kondensation unter Ausbildung von Methylenbrücken zwischen den Harnstoffresten. Am Ende des Kettenpolymeren werden freie Methylolgruppen angenommen. Ringstrukturen sollen nicht vorkommen.

Im alkalisch/wäßrigen Medium haben *Zigeuner* u. a. [5] bei der Umsetzung von Harnstoff mit Formaldehyd dagegen Methylenätherbrücken auf Grund der Umsetzung von zwei Methylolgruppen eindeutig nachweisen können:

$$-NH-CH_2-OH + HO-CH_2-NH- \xrightarrow{-H_2O} -NH-CH_2-O-CH_2-NH-. \quad (1)$$

Ihnen ist auch die analytische Differenzierung der Methylen- und Dimethylenäther-Brücken gelungen.

Die unter starken Kondensationsbedingungen stattfindende Bildung dreidimensionaler Polymerer konnte von *Chabert* [6] durch IR-spektroskopische Untersuchungen nachgewiesen werden.

Petersen [7] hat neuerdings einen Reaktionsmechanismus für die Reaktionen der Methylolverbindungen angegeben, nach dem es möglich ist, die verschiedenen, allgemein bekannten Reaktionen unter einem einheitlichen Gesichtspunkt zu betrachten. Der Mechanismus der Kondensation entspricht dem einer *Mannich*-Kondensation. Das Kennzeichen einer *Mannich*-Reaktion ist die Kondensation von CH-aciden Verbindungen mit Formaldehyd und Aminen, die als eine Aminomethylierung aufgefaßt werden kann:

$$-\overset{|}{\underset{|}{C}}H + CH_2O + HN\begin{matrix}\diagup R'\\ \diagdown R''\end{matrix} \xrightleftharpoons{-H_2O} -\overset{|}{\underset{|}{C}}-CH_2-N\begin{matrix}\diagup R'\\ \diagdown R''\end{matrix}. \quad (2)$$

Danach können die Harnstoff/Formaldehyd-Kondensationen in Analogie zur Aminomethylierung als Ureidomethylierungen gedeutet werden. Die Kondensation verläuft über die Ureidomethylcarbenium-Ionen. Auch die Vernetzung der Cellulose mit N-Methylolverbindungen ist nach *Petersen* [7, 8] als α-Ureidomethylierung zu betrachten, wobei die Cellulose der nucleophile Partner ist.

Gleichzeitig muß jedoch die Hydrolysereaktion (verursacht durch Angriff der Protonen am Stickstoff des Harnstoffs) berücksichtigt werden. Diese wird begünstigt, wenn die N-Methylolverbindung eine hohe Elektronendichte am Stickstoff besitzt. Die Basität und damit die Protonenaffinität der N-Atome ist in starkem Maße von der chemischen Konstitution des Harnstoffrestes abhängig.

Petersen [9] schließt aus der Hydrolysegeschwindigkeit eines Vernetzers auf seine Reaktivität.

Tabelle 1. Analytische Untersuchung der Vorkondensate

Bestimmung von	Methode	Literatur	Experimentelle Angaben
freiem Formaldehyd	1. Cyanidmethode	30, 31	+ 0,1 N KCN-Lsg.; pH = 7 bis 8; CN′-Überschuß mit 0,05 N $Hg(NO_3)_2$-Lsg. gegen Diphenylcarbazon titrieren.
	2. Jodometrische Sulfitmethode	32	+ Überschuß 2 N Na_2SO_3 + 0,5 N HCl-pH 8,5; SO_3''-Rest mit J_2 bestimmen; Additionsverbindung + 2 N Na_2CO_3 zerstören, SO_3'' mit J_2 bestimmen.
	3. Alkalische Sulfitmethode	10, 11, 33	neutrale Lösung + 50 ml 1 M Na_2SO_3, sofort mit 0,1 N HCl titrieren.
	4. Polarographie	34, 35, 36, 37	Boratpuffer, pH = 9,7 bis 10,5; 25 °C
freien Methylolgruppen	1. Cyanidmethode	38	+ alkalische 0,1 N KCN-Lsg. (0,5 N an NaOH); CN-Überschuß nach 30 min mit $Hg(NO_3)_2$ titrieren.
	2. Jodometrische Methode	32	+ 1 N NaOH + 0,1 N J_2, 30 min Reaktion; J_2-Überschuß mit $Na_2S_2O_3$ bestimmen.
	3. Dimedonmethode	12	Hydrolyse bei pH = 4,6, 3 h bei 80 °C + Dimedon; Niederschlag absaugen; Filtrat + 0,05 N NaOH potentiometrisch titrieren.
Gesamtformaldehyd	1. Chromotropsäuremethode	13	+ Chromotropsäure in 85%iger H_3PO_4, 1 h bei 80 °C; Kolorimetrie.
	2. Methode mit *Schiffs*-Reagens	14	Hydrolyse mit 12,5 N H_2SO_4, 16 h bei 50 °C; Umsetzung mit 12,5 N H_2SO_4 + *Schiffs*-Reagens, 3 h bei Rt; Kolorimetrie.
	3. Destillationsmethode		Hydrolyse mit 20%iger H_3PO_4, 20 min; Wasserdampfdestillation; CH_2O im Destillat beliebig bestimmen.
Kondensationsgrad	1. Chromatographie	39	Dünnschicht-C., aufsteigend, Cellulose-Pulver MN 300 (Fa. Merck); Fließmittel: n-Propanol/Wasser (4 : 1); Entwicklung: Cl_2/o-Tolidin.
	2. Polarographie		

2. Analytische Bestimmung der Vorkondensate

Bekanntlich liegen die Vorkondensate nicht als einheitliche Produkte vor.

Die Methylierung ist eine reversible Reaktion, bei der sich ein Gleichgewicht zwischen Formaldehyd und freier Imido- oder Amidogruppe ausbildet:

$$\rangle N{-}H + CH_2O \rightleftharpoons \rangle N{-}CH_2{-}OH. \quad (3)$$

Von *Kačerovski* [10] sowie *Morath* und *Woods* [11] existieren zusammenfassende Angaben über die analytische Bestimmung der verschiedenen Formen des Formaldehyds in Vorkondensaten. In der Tabelle 1 sind die von uns hinsichtlich ihrer Anwendbarkeit und Reproduzierbarkeit überprüften Methoden stichwortartig zusammengestellt.

2.1. Bestimmung des freien Formaldehyds

Den in den Vorkondensatlösungen enthaltenen ungebundenen Formaldehyd bezeichnet man als freien Formaldehyd. Seine Bestimmung muß sehr schnell erfolgen, um die Nachbildung infolge der Störung des Gleichgewichtes (Gleichung) zu vermeiden. Außerdem sollte ein Bereich gewählt werden, in dem die Hydrolyse nicht katalytisch beschleunigt wird.

Von den titrimetrischen Methoden scheint die Cyanidmethode am besten geeignet zu sein. Man kann den freien Formaldehyd in Gegenwart von Amiden oder N-Methylolverbindungen bestimmen, wenn die Reaktionsmischung bei einem pH-Wert 7 bis 8 gehalten wird. CN'-Ion und Formaldehyd reagieren im neutralen oder schwach alkalischen Medium mit genügender Geschwindigkeit, um eine analytische Erfassung zu gestatten. Um die Hydrolyse der Methylolgruppen zu vermeiden, wurde ein Phosphatpuffer verwendet. Die jodometrische Sulfitmethode hat ihren kritischen Punkt in der Freisetzung der Lauge durch die Sulfit/Formaldehyd-Reaktion. Die Geschwindigkeit der hydrolytischen Spaltung wird in diesem Fall durch die Konzentration des freien Formaldehyds bestimmt. Je größer diese ist, desto stärker alkalisch wird die Lösung nach der Sulfitzugabe. In allen Fällen wurde nach 10 min Reaktionszeit vor der Neutralisation ca. die doppelte Formaldehydkonzentration gefunden wie bei einer unmittelbaren Neutralisation. Letztere ist also für die exakte Gehaltsbestimmung Voraussetzung.

Bei der alkalischen Sulfitmethode kann diese Fehlerquelle ausgeschlossen werden. Arbeitet man sehr rasch und löst das Produkt in Wasser von 4 °C auf, so kann der Hydrolysefehler weitestgehend vermieden werden. Die potentiometrische Tritration gewährleistet eine sichere Feststellung des Umschlagpunktes.

Zur polarographischen Bestimmung des freien Formaldehyds in Vorkondensaten verwendet man alkalisch gepufferte Lösungen als Grundelektrolyt. Zur Vermeidung des Hydrolysefehlers in diesen alkalischen Lösungen ist es ratsam, den Grenzstrom in Abhängigkeit von der Zeit zu bestimmen. Durch eine Extrapolation der Hydrolysekurve auf die Zeit Null kann die ursprüngliche Konzentration des freien Formaldehyds bestimmt werden. Während der Bestimmung muß die Temperatur konstant gehalten werden, da eine Differenz von 1 grd einen Fehler von 1,6% verursacht. Zwischen dem Grenzstrom und dem Formaldehydgehalt findet man eine gute Proportionalität wenn die Formaldehydkonzentration zwischen 1×10^{-3} und $1{,}5^{-2}$ mol/l liegt. Zur Eichung kann Formaldehyd jodometrisch bestimmt werden. Der günstigste pH-Bereich liegt zwischen 9,7 und 10,5. Die Stufe des Formaldehydgrenzstromes ist gut definiert, die Hydrolysegeschwindigkeit der Methylolgruppe vergleichsweise gering.

Die mit allen vier Methoden erzielten Ergebnisse stimmen recht gut überein. Die Cyanidmethode und die Polarographie liefern die besten Ergebnisse.

2.2. Bestimmung der N-Methylolgruppen

Die N-Methylolgruppen, die die für die Vernetzung wirksamen Gruppen darstellen, kann man nach einer alkalischen Hydrolyse des Produktes und unmittelbarer Umsetzung des abgespaltenen Formaldehyds bestimmen. Dabei wird natürlich der freie Formaldehyd mit erfaßt. Wenn im Vorkondensat keine Kondensationsprodukte vorliegen, muß die Summe der gefundenen Werte mit dem Gesamtformaldehyd übereinstimmen.

Die alkalische Cyanidmethode ist sehr geeignet, da sie gleichzeitig Aussagen über den Kondensationszustand der Handelsprodukte zuläßt. Sie ist auch auf dem Gewebe anwendbar. Dagegen ist die Anwendung der Hypojoditlösung zur Bestimmung der Methylolgruppen der löslichen Verbindungen geeignet, nicht jedoch auf dem Gewebe, da die Cellulose ebenfalls mit Jod reagiert.

Die von *Vorländer* [12] entwickelte Formaldehydbestimmung mit Dimedon kann auch auf die Methylolgruppen angewendet werden, sofern diese quantitativ abspaltbar sind. Die hierzu notwendige saure Hydrolyse der N-Methylolgruppen ist von den Substituenten des Harnstoffrestes stark abhängig (3 h bei 80 °C, pH = 4,6). Die Ergebnisse der sauren Hydrolyse mit anschließender Dimedonumsetzung liegen bei einigen Produkten zu niedrig, bei anderen zu hoch.

Die Cyanidmethode ist daher der Bestimmung mit DIMEDON überlegen.

2.3. Bestimmung des Gesamtformaldehyds

Für die Charakterisierung der Handelsprodukte ist die Bestimmung des Gesamtformaldehyds von Bedeutung. Bei langer und unsachgemäßer Lagerung kommt es unter Formaldehyd- und Wasserabspaltung in begrenztem Maße zur Kondensation. Die Gesamtformaldehydbestimmung erfaßt freien Formaldehyd, Methylolformaldehyd und durch Kondensation der Monomeren zu Oligomeren gebundenen Formaldehyd. Die saure Hydrolyse der Acetalbindungen führt zur Freisetzung von Formaldehyd. Zweckmäßig entfernt man den Formaldehyd durch chemische Umsetzung sofort aus dem Gleichgewicht.

Zur Bestimmung des Gesamtformaldehydgehaltes der Vorkondensate wurden verschiedene Verfahren ausgearbeitet. Man verfährt nach zwei Grundprinzipien:

Hydrolyse mit gleichzeitiger Destillation des Formaldehyds. Das Destillat wird volumetrisch analysiert.

Hydrolyse mit gleichzeitiger Bindung des entstehenden Formaldehyds, z. B. zu farbigen Verbindungen, die kolorimetrisch erfaßt werden.

Das Chromotropsäure-Verfahren ist nach den Angaben von *Kleinert* und *Bauer* [13] einfach und schnell zu handhaben. Die Methode ist im Konzentrationsbe-

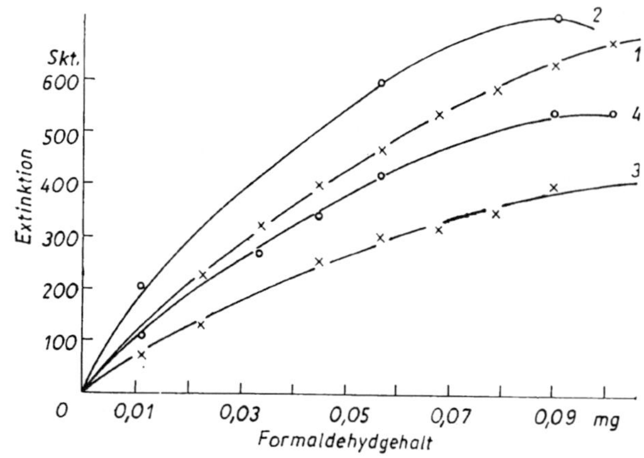

Bild 1. Chromotropsäure-Verfahren
Temperatur- und Zeitabhängigkeit der Eichkurve

1. 80 °C; 60 min   2. 85 °C; 60 min
3. 75 °C; 60 min   4. 80 °C; 70 min

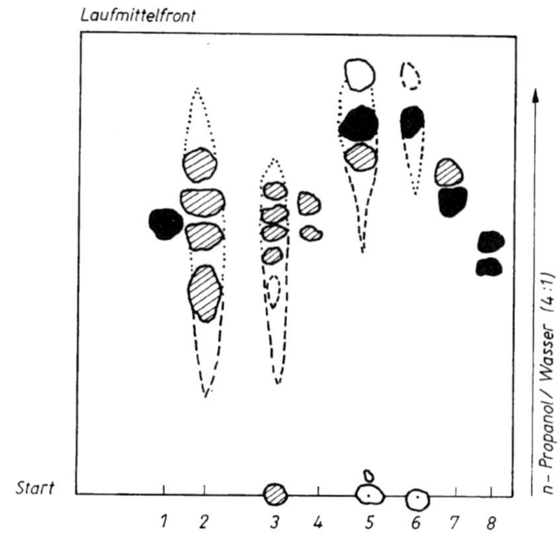

Bild 2. Chromatogramm der Vorkondensate
Technik aufsteigend;

Trägerschicht: Cellulosepulver MN 300 (Fa. Merck), 0,5 mm;
Laufmittel: n-Propanol/Wasser (4:1);
Entwicklung: Cl_2/o-Tolidin

1: Harnstoff;
2: DMHET (Neuperm ON);
3: DMU (Echtapparatur 100);
4: DM(OH)$_2$EU (React HE);
5: DMEU (Carbamol ZEM);
6: Carbamol ZEM auf Glaswolle kondensiert;
7: DMEU (kristallisiert);
8: DMU (2× umkristallisiert)

DMU — Dimethylolharnstoff
DMEU — Dimethyloläthylenharnstoff
DM(OH)$_2$EU — Dimethyloldihydroxyäthylenharnstoff
DMHET — Dimethyloldroxyäthyltriazon

reich von 0,01 bis 0,1 mg CH_2O/100 ml Lösung anwendbar. Es ist wichtig, daß die Arbeitsvorschrift und die Reaktionsbedingungen genau eingehalten werden, da sonst die Reproduzierbarkeit gefährdet ist. Aus Versuchsreihen mit anderen Temperaturen und Reaktionszeiten geht hervor, daß eine Änderung der vorgeschriebenen Bedingungen zu einem abweichenden Kurvenverlauf führt (Bild 1). Ebenso sollte die Wassermenge der Probe so gering wie möglich sein.

Mit dem *Schiff*schen Reagens [14] erhielten wir keine gute Reproduzierbarkeit. Die Werte, die mit Hilfe der Destillation und anschließender polarographischer Bestimmung erhalten wurden, erreichen den theoretischen Wert nicht ganz. Für Reihenanalysen ist die Chromotropsäuremethode die geeignetere.

2.4. Der Kondensationsgrad der Vorkondensate

Der Kondensationsgrad von Vorkondensaten kann mit Hilfe chromatographischer Methoden oder polarographisch ermittelt werden. Recht eindeutig ist die Auftrennung der Kunstharzvorkondensate mittels der Papier- und Dünnschichtchromatographie. Der Kondensationsgrad ist um so größer, je dichter die Substanzen an der Startlinie verbleiben. Eine schwache Kondensation deutet sich durch einen diffusen Streifen an, eine weitgehende Vernetzung wird durch eine starke Schweifbildung zwischen Start und Substanzfleck sichtbar. Die Uneinheitlichkeit der Produkte geht aus der Anzahl der Flecke hervor (Bild 2).

Die Dünnschichtchromatographie hat in den letzten Jahren immer größere Bedeutung erlangt und die papierchromatographischen Untersuchungen sehr in den Hintergrund gedrängt. Eine große Zahl von Veröffentlichungen über die Chromatographie der Kunstharz-Vorkondensate beschäftigt sich hauptsächlich mit der Auswahl geeigneter Fließmittel und Methoden der Sichtbarmachung.

Die polarographischen Untersuchungen beruhen darauf, daß die Stromspannungskurve des Sauerstoffs in verdünnten Grundelektrolyten ein scharfes Maximum bildet. Dieses wird durch dipolartige adsorbierbare sog. „oberflächenaktive“ Teilchen unterdrückt. *Rusznák* u. a. [16] untersuchten den Einfluß der Mono- und Dimethylolharnstoff-Vorkondensate auf das Sauerstoffmaximum. Während die Monomeren nicht auf das Sauerstoffmaximum einwirken, führen die Kondensationsprodukte zu einer Unterdrückung. Nach den Verfassern hängt das Ausmaß der Maximumunterdrückung von der Konzentration der Oligomeren ab. Bei einer konstanten Konzentration haben die rel. Molekülmasse und die Molekülform einen Einfluß.

Unsere Untersuchungen ergaben, daß nur bei den reinen N-Methylolverbindungen oder frisch hergestellten Vorkondensatlösungen eine Maximumunterdrückung unterbleibt. Bei normalen Handelsprodukten wurde immer eine bestimmte Unterdrückung gefunden (Tabelle 2). Die Methode ist sehr empfindlich und kann sehr kleine Konzentrationen an Kondensationsprodukten anzeigen. Zur qualitativen und quantitativen Auswertung muß mit einer Standardsubstanz bekannten Kondensationszustandes verglichen werden. Bei den N-Methylolverbindungen fehlt normalerweise diese Standardsubstanz. Gut anwendbar ist diese Methode dagegen bei der qualitativen Verfolgung des Kondensationsprozesses im Ausrüstungsbad. Die Maximumunterdrückung ändert sich mit der Vergrößerung der rel. Molekülmasse.

Bild 3 zeigt den Einfluß des pH-Wertes auf die Kondensation anhand einer Maximumunterdrückung. Sie beginnt schon bei pH = 6, wenn auch sehr schwach. Bei

Tabelle 2. Höhe des Maximums verschiedener Vorkondensate

Vorkondensat	Konz.	Höhe des Maximums μA	Skt	mm
leerer Grundelektrolyt	—	18	90	225
DMU (zweimal umkrist.)	0,5 M	17,8	87,5	218
DMEU (zweimal umkrist.)	0,5	17,0	85	212
DMU Paste (frisch hergest.)	150/g/l	17,5	87	217
DMU Paste (nach 4 Wochen)	150 g/l	vollkommen unterdrückt		
Fixapret AH (DMEU)	150 g/l	,,		
Fixapret CPN ($DM(OH)_2EU$)	150 g/l	,,		

pH = 5 wurde das Maximum nach 21 h noch nicht zur Hälfte unterdrückt. Bei pH = 4 verschwindet es nach 24 h fast vollkommen. Der pH-Wert 6 ergab sich als sicherer Bereich zur Stabilisierung des Bades.

3. *Reaktionen an Methylolgruppen*

Die N-Methylolverbindungen reagieren miteinander oder mit der Cellulose über $>N-CH_2OH-$Gruppen unter Abspaltung von Formaldehyd bzw. Wasser. Mit fortschreitender Kondensation muß die Zahl der N-Methylolgruppen abnehmen. Über eine quantitative Erfassung der restlichen Methylolgruppen sollte versucht werden, Aussagen über den Kondensationsverlauf zu gewinnen. Die Schwierigkeit bestand darin, Reagenzien zu finden, die zwar mit den Methylolgruppen, nicht aber mit den Hydroxylgruppen der Cellulose reagieren.

Die zur Bestimmung von Hydroxylgruppen allgemein verwendeten Analysenmethoden sind dafür kaum geeignet. Die Methoden mußten zunächst am Vorkondensat und an der Cellulose erprobt werden, um Aussagen über die Möglichkeit quantitativer Umsetzungen zu

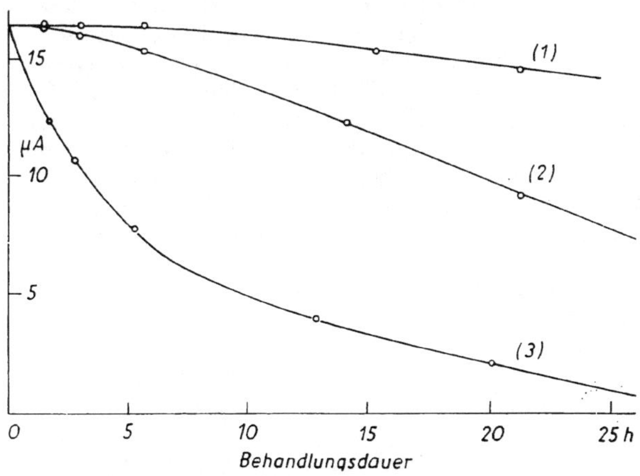

Bild 3. Einfluß des pH-Wertes auf die Stabilität von Kunstharzvorkondensatlösungen

Empf.: 2×10^{-7} A/Skt
Grundelektrolyt: 10 ml 0,001 M KCl
Vorkondensat: DMU, zweimal umkristallisiert (0,5 M Lösung)

(1) Vorkondensatlösung pH = 6
(2) Vorkondensatlösung pH = 5
(3) Vorkondensatlösung pH = 4

erhalten. Elektrochemische Methoden scheitern an der Unlöslichkeit der zu untersuchenden Proben. Verfahren, die alkalisch oder sauer katalysiert werden, sind wenig brauchbar, da sie am ausgerüsteten Gewebe gebundenen Formaldehyd freisetzen würden, dessen Erfassung aber unerwünscht ist. Zum Beispiel werden Veresterungsreaktionen hauptsächlich sauer katalysiert.

Im wasserfreien Medium ergeben sich heterogene Reaktionen schon am Vorkondensat, die nicht quantitativ verlaufen. Verschiedene Umsetzungen verlangen eine absolute Wasserfreiheit, in anderen Fällen stören die Amino- bzw. Imidogruppen.

Wir entschlossen uns, die Möglichkeiten der oxydativen Behandlung und die Umsetzung mit nucleophilen Reagenzien zu untersuchen.

3.1. *Oxydationsversuche an Vorkondensaten*

Die meisten Oxydationsmittel greifen die Cellulose an. *Lewin* und *Weinstein* [17] sowie *Cousins* u. a. [18] stellten aber fest, daß die Quervernetzung eine Stabilisierung des Gewebes gegen den Abbau durch Oxydationsmittel bewirkt.

Wir gingen von der Annahme aus, daß die Methylolgruppen leicht zu Säuregruppen oxydiert werden können, dabei aber die Cellulose noch nicht zu stark angegriffen wird:

$$-CH_2-OH + 2O \rightarrow -COOH + H_2O. \quad (4)$$

Untersucht wurden methylolierte Harnstoffverbindungen, die pro Molekül vier Atome Sauerstoff verbrauchen sollten.

Die Oxydation müßte zur Bildung von Molekülen mit zweifach acyliertem Stickstoff führen.

Da die Carboxylgruppe am Stickstoff durch das Ringsystem nicht stabilisiert wird, ist sie unbeständig und wird abgespalten.

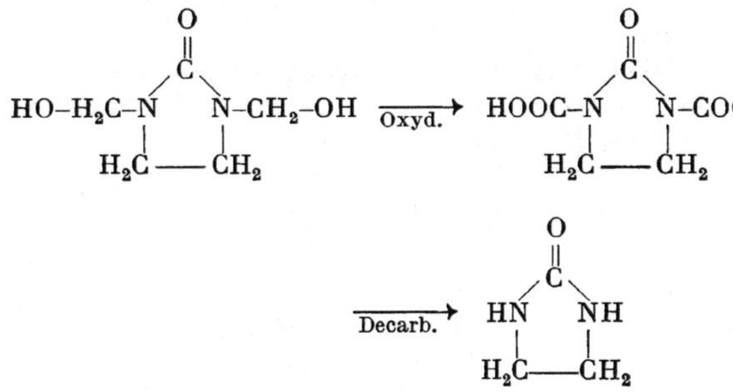

(5)

Wird unter den Oxydationsbedingungen die Methylolverbindung hydrolysiert, so kann der entstehende Formaldehyd oxydiert werden:

$$H_2CO \xrightarrow{+O} HCOOH \xrightarrow{+O} CO_2 + H_2O. \quad (6)$$

Eine Sonderstellung nimmt DM $(OH)_2$ EU ein. Er besitzt vier reaktionsfähige Gruppen, die alle mit der Cellulose reagieren können. Nach *Petersen* [19] ist die Hydrolysebeständigkeit der N–C- und der C–O-Bindung im sauren Medium groß. Die Verbindung wird allerdings leicht oxydiert, und zwar bevorzugt an den ringständigen Hydroxylgruppen. Es entstehen Derivate des

4-Hydroxyhydantoins und der Parabansäure. Insgesamt können sechs Atome Sauerstoff einwirken:

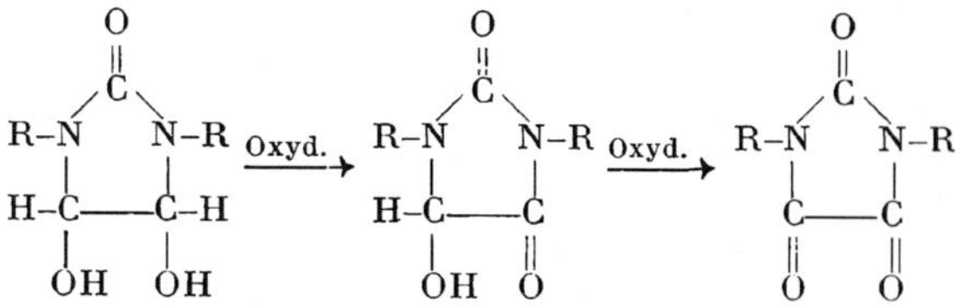
(7)

DM(OH)$_2$EU R=CH$_2$OH — 4-Hydroxyhydantoinderivat — Parabansäurederivat

Unter Variation der Bedingungen (Konzentration, pH-Wert, Temperatur und Zeit) ließen wir einige Oxydationsmittel auf die Vorkondensate und zerschnittenes Cellulosegewebe einwirken. Nach der vorgegebenen Reaktionszeit wurde das überschüssige Oxydationsmittel bestimmt und der Verbrauch in mg O_2/m mol Vorkondensat errechnet.

Auf die Oxydation mit Kaliumpermanganat im neutralen Bereich soll nicht weiter eingegangen werden. Sie brachte nur an den Vorkondensaten gute Ergebnisse.

Dagegen soll die Behandlung mit Natriumbromit näher beleuchtet werden.

J. Leclerc, Frankreich, isolierte 1956 das Natriumbromit und entwickelte die Bedingungen für seinen Einsatz in der Textilindustrie als Entschlichtungsmittel für Cellulosefasern [20 bis 22]. Natriumbromit ist ein starkes Oxydationsmittel, dessen Oxydationspotential 1360 bis 1480 mV beträgt, das jedoch unter bestimmten Bedingungen die Cellulose nicht angreift, sondern nur die Fremdprodukte oxydiert.

Agster u. a. [24] stellten fest, daß oberhalb einer Temperatur von 30 °C und mit steigender Konzentration des Oxydationsmittels die Cellulose unter C_1/C_4-Spaltung und Oxydation der Hydroxylgruppen an C_2 und C_3 reagiert.

Der pH-Wert ist für den Oxydationsgrad sehr entscheidend. Unterhalb eines pH-Wertes von 8,5 beginnt der Zerfall der freien bromigen Säure:

$$HBrO_2 \rightarrow HBr + 2\,O. \qquad (8)$$

Am günstigsten für die Entschlichtung ist ein pH-Wert von 9 bis 10, oberhalb des pH-Wertes von 11,5 wird die Reaktionsgeschwindigkeit zu klein.

Für die vorliegende Problematik mußten die Reaktionsbedingungen so gewählt werden, daß die Cellulose möglichst wenig Oxydationsmittel verbraucht, die Vorkondensat-Methylolgruppen aber vollständig oxydiert werden.

Beim pH-Wert 12 und 30 °C wird Cellulose sehr wenig angegriffen, für die Vorkondensate ist dagegen die Oxydationsgeschwindigkeit ausreichend und die Reaktion innerhalb von 6 h beendet.

Während die Oxydation der Methylolgruppen mit Kaliumpermanganat und Natriumbromit quantitativ verlief, führte die Behandlung mit Natriumperjodat, Cer-IV-sulfat und Sauerstoff am Platinkontakt nicht zum Erfolg. Von den Oxydationsmitteln war nur Natriumbromit unter den gewählten Bedingungen für die Oxydation von N-Methylolgruppen auf dem behandelten Gewebe weiter zu untersuchen.

3.2. Umsetzung der Methylolgruppen mit nucleophilen Substanzen

Die N-Methylolverbindungen sind sehr reaktionsfähig und lassen sich mit verschiedenen nucleophilen Partnern umsetzen. Mit Hilfe von Modellreaktionen wurde versucht, die Umsetzungsmöglichkeiten der N-Methylolgruppen bzw. anderer reaktiver Bestandteile der Kondensationsprodukte zu ergründen, um daraus eine quantitative Methode zur N-Methylolgruppenbestimmung zu entwickeln.

Zunächst wurde die Umsetzung mit einem sekundären *Amin* ausgewählt (Piperidin), da hier nur ein Proton umgesetzt werden kann:

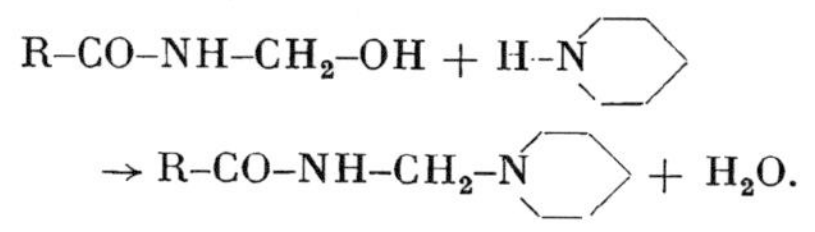
(9)

Die Umsetzung wurde über die Änderung der Konzentration des sekundären Amins verfolgt. Dieses liegt im Gleichgewicht mit seinem Umsetzungsprodukt (R–CO–NH–CH$_2$–N), einem tertiären Amin, vor. Die analytische Bestimmung des sekundären Amins darf also durch das tertiäre nicht gestört werden. *Cullin* [25] hat eine kolorimetrische Methode entwickelt, die sehr spezifisch für sekundäre Amine ist. Die kolorimetrische Methode beruht auf einer Farbenentwicklung mit Natriumnitroprussid/Acetaldehyd-Reagens. Die entwickelte Farbe zeigt ein Absorptionsmaximum in der Nähe von 565 nm. Der Umsetzungsgrad war in allen Fällen gering. Dies ergibt sich wahrscheinlich auf Grund sekundärer Reaktionen, z. B. der Hydrolyse. (Eine wäßrige Lösung von Piperidin zeigt einen pH-Wert 12).

Die kolorimetrische Bestimmung mit dem Natriumnitroprussid/Acetaldehyd-Reagens ist mit großen Schwierigkeiten verbunden. Die Extinktion erreicht in akzeptablen Zeiten keine konstanten Werte. Es wurden aber befriedigende Resultate gefunden, wenn die Versuche nach 20 min Entwicklungszeit ausgewertet wurden. Zu diesem Zeitpunkt ist die Farbenentwicklung noch nicht beendet. Man gelangt zu reproduzierbaren Werten, wenn man nach ca. 15 und 25 min mißt und dann zwischen beiden Werten auf genau 20 min interpoliert.

Die Umsetzungsmöglichkeiten zwischen N-Methylolverbindungen und *Mercaptanen* (n-Dodecylmercaptan) wurden von *Petersen* [26] untersucht. Der Verbrauch an Mercaptan kann jodometrisch bestimmt werden. Diese Methode wurde für die analytische Bestimmung der Methylolgruppen erprobt.

Die von *Petersen* angegebenen Reaktionsbedingungen und verschiedene Reaktionszeiten sowie -temperaturen wurden angewendet, aber in keinem Fall war eine merkliche Umsetzung zu finden. Bei der Umsetzung der N-Methylolgruppe mit Mercaptanen wird Wasser abgespalten:

$$R\text{–}CO\text{–}NH\text{–}CH_2\text{–}OH + HS\text{–}R \rightarrow R\text{–}CO\text{–}NH\text{–}CH_2\text{–}S\text{–}R + H_2O. \qquad (10)$$

Wahrscheinlich beschleunigt das Wasser die Hydrolysereaktion der N-Methylolgruppen. Außerdem kann das Wasser direkt auf die saure Katalyse wirken und die Reaktion hemmen!

Mit der Absicht, den Einfluß des abgespaltenen Wassers zu vermeiden, wurden wasserbindende Reagenzien zur Reaktionsmischung gegeben, z. B. Phthalsäure- oder Essigsäureanhydrid, das jedoch mit dem Mercaptan reagiert.

Die Reproduzierbarkeit der Resultate war unbefriedigend. *Martin* [27] entwickelte eine Methode zur Bestimmung freier Methylolgruppen in Phenol/Formaldehyd-Vorkondensaten. Die Bestimmung beruht auf der Kondensation zwischen *Phenol* und freier Methylolgruppe:

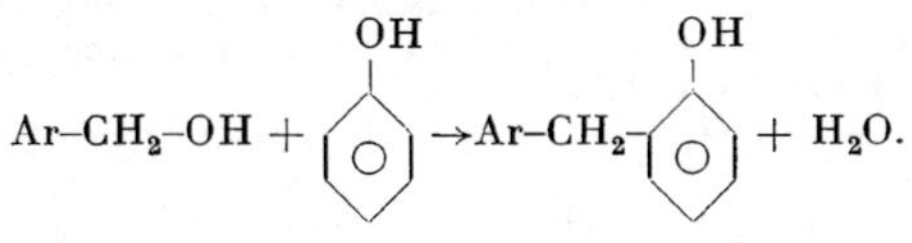

(11)

Die Methylolverbindung wird mit einem Überschuß einer Phenol/Benzol-Lösung versetzt. Das abgespaltene Wasser wird als Benzol/Wasser-Azeotrop entfernt und in einem Wasserabscheider volumetrisch gemessen.

p-Toluolsulfonsäure wurde als Katalysator angewendet. Um reproduzierbare Ergebnisse zu erhalten, müssen hohe Methylolkonzentrationen vorliegen.

Steinmark und *Weiss* [28] verwendeten Bortrifluorid als Katalysator. Dieser wurde in einen 26%igen Bortrifluorid/Phenol-Komplex überführt. Benzol wurde durch Xylol ersetzt, das einen niedrigeren Dampfdruck besitzt. Das abgespaltene Wasser wird mit *Karl-Fischer*-Reagenz in der Reaktionsmischung bestimmt. *Vasta* [29] untersuchte die Anwendung der Methode für Dimethylolharnstoff und seine Kondensationsprodukte.

Bei Anwendung dieser Methode ergab sich ein Wassergehalt, der etwas über dem theoretischen Wert liegt. Vermutlich ist die Trocknung der Proben über Phosphorpentoxid nicht vollständig. Unter den angewendeten Bedingungen verläuft die Umsetzung zwischen N-Methylolgruppen und Phenol offensichtlich quantitativ. Es ist aber notwendig, den Wassergehalt der Vorkondensate genau zu bestimmen. Deshalb wurden einige Varianten der Wasserbestimmung nach der *Karl-Fischer*-Methode an Vorkondensaten überprüft. Die erhaltenen Analysenwerte zeigten eine große Streuung.

Mitchell und *Smith* [15] stellten fest, daß bei der *Karl-Fischer*-Titration des Wassers in DMU enthaltenden Lösungen Nebenreaktionen ablaufen. Da ihre Geschwindigkeit langsamer ist als die der Reaktion des KF-Reagenzes mit Wasser, bestimmten sie den Wassergehalt bei $-40\,°C$.

Die dead-stop-Methode ist bei dieser Temperatur zur Bestimmung des Endpunktes nicht anwendbar, da das Jod bei so niedriger Temperatur an der Platinelektrode sehr langsam reduziert wird. Bei visueller Beobachtung ist der Endpunkt sehr schwer zu erkennen, da sich die Reaktionsprodukte in Dimethylformamid orangefarben lösen und der Umschlag zur Jodfarbe nicht deutlich ist. Die Methode ist sehr zeitaufwendig und die erhaltenen Werte befriedigen nicht.

Die Umsetzungen mit nucleophilen Reagenzien brachten also keinen Erfolg, da Amine und Mercaptane nicht quantitativ reagieren, die Phenolmethode aber an den Schwierigkeiten der Wasserbestimmung scheitert.

4. *Zusammenfassung*

Charakterisierung der reinen Vorkondensate bzw. der Handelsprodukte ist durch die Bestimmung von freiem und Gesamtformaldehyd sowie der Methylolgruppen möglich.

Aussagen über den Kondensationszustand der Vorkondensate sind mit Hilfe der Methylolgruppenbestimmung und der Dünnschichtchromatographie zu erhalten.

Die polarographische Methode erlaubt die Verfolgung einer zunehmenden Kondensation in der Ausrüstungsflotte.

Die Umsetzungsmöglichkeiten der N-Methylolgruppen wurden mit nucleophilen Substanzen und mit Oxydationsmitteln überprüft. Amine und Mercaptane reagieren nicht quantitativ, Phenol aber 100%ig. Wegen der Schwierigkeiten der Wasserbestimmung bei der Phenolmethode kann diese nicht empfohlen werden. Die Oxydation mit Kaliumpermanganat und Natriumbromit verläuft quantitativ.

Literatur

[1] *Staudinger, H.*, und *Wagner, K.:* Zur Konstitution der Harnstoff-Formaldehyd-Kondensate. 391. Mitt. über makromolekulare Verbindungen Makromol. Chemie **11** (1953) S. 79—80.

[2] *Walter, G.:* Das Harnstoff-Formaldehyd-Kolloid. Ein Beitrag zur Konstitution der künstlichen Harze. Kolloid-Z. **57** (1931) S. 229—234.

[3] *Elöd, E.*, und *Herion, D.:* Die Verbesserung der Knittereigenschaften von Cellulosehydratfasern insbesondere bei der Kondensation der Aminoplaste im geschlossenen System. Melliand Textilber. **40** (1959) S. 1058—1068.

[4] *de Jong, J.*, und *de Jonge, J.:* The reaction between urea and formaldehyde in concentrated solutions. Rec. Trav. Chim. Pays-Bas. **71** (1952) S. 890—989.

[5] *Zigeuner, G.*, *Kniezinger, W.*, und *Vogler, K.:* Studien auf dem Gebiet der Harnstoff-Formaldehyd-Kondensation. 2. Mitt. Mh. Chemie, Wien **82** (1951) S. 847—855.

[6] *Chabert, B.:* Étude par analyse thermique de la polycondensation des résines urée-formol. Bull. Inst. Textile France (1969) 142, S. 385—394.

[7] *Petersen, H.:* Neuere Ergebnisse und Betrachtungen über die Aminoplast-Kondensationen. Textil-Rdsch., St. Gallen **16** (1961) S. 646—656.

[8] *Petersen, H.:* Beziehungen zwischen chemischer Konstitution und Hydrolysenbeständigkeit der mit N-Methylolverbindungen ausgerüsteten Cellulosegewebe. 5. Mitt., Textilveredlung, Weinfelden/Schweiz **3** (1968) S. 397—416.

[9] *Petersen, H.:* Reaktivität, Hydrolyse und Katalyse bei 4-Hydroxy(alkoxy)-cycloalkylenharnstoffen und N-Alkoxymethylverbindungen. 8. Mitt. Textilveredlung, Weinfelden/Schweiz **5** (1970) S. 437—453.

[10] *Kačerovsky, R.:* Formaldehyd in der Endausrüstung von Textilien. Textil, Praha **18** (1963) S. 63—66.

[11] *Morath, J. C.*, und *Woods, J. T.:* Analysis of amino-Formaldehyde resins. Analytic. Chem. **30** (1958) S. 1437—1440.

[12] *Vorländer, D.:* Methon als Formaldehydreagens. Z. analyt. Chemie **77** (1929) S. 241—268; 321—327.

[13] *Kleinert, Th.*, und *Bauer, J.:* Schnellbestimmung von gebundenem Formaldehyd in Cellulosematerialien. Melliand Textilber. **35** (1954) S. 868.

[14] *Ramanathan, S.*, *Rivlin, J.*, *Stamm, O. A.*, und *Zollinger, H.:* The determination of formaldehyde in cellulose formals and methylated cellulose formals. Textile Res. J. **38** (1968) S. 63—71.

[15] *Mitchell, J.*, und *Smith, M.:* Aquametry. New York: Interscience Publ. 1948.

[16] *Rusznák, I.*, *Kralik, I.*, und *Fokker, R.:* Theorie und Anwendungsmöglichkeiten der polarographischen Maximaunterdrückung. VI. Coll. czechoslov. chem. Commun. **26** (1961) S. 645—649.

[17] *Lewin, M.*, und *Weinstein, S.:* Oxidation of formaldehyde-cross-linked cotton. Textile Res. J. **37** (1967) S. 751—763.

[18] *Cousins, E. R.*, *Bullock, A. C.*, *Mack, C. H.*, und *Rowland, S. P.:* Periodate oxidation of formaldehyde-treated cottons. Textile Res. J. **34** (1964) S. 953—959.

[19] *Petersen, H.:* Neue Vernetzer und Erkenntnisse über Reaktivität und Hydrolysenbeständigkeit von N-Methoxymethylverbindungen. 9. Mitt. Textilveredlung, Weinfelden/Schweiz (1970) **5** S. 570—588.

[20] *Leclerc, J.:* Traitment des textiles cellulosiques. FRP 71747 vom 22. 6. 1957 und FRP 1155952 vom 10. 7. 1956.

[21] *Leclerc, J.:* Verfahren zur Entschlichtung von Textilien aus Cellulose. DAS 1033173, vom 10. 7. 1957. Kl. 8k,

[22] *Breiss-Leclerc, J.:* Étude et isolement du bromite de sodium. Thèse d'Ingenieur-Docteur soutenue devant la Faculté des Scienes de Strasbourg 1959.

[23] *Zimmermann, J. P.:* Contribution a l'étude de la reactivité des bromites. Thèse d'Ingenieur-Docteur soutenue devant la Faculté des Sciences de Strasbourg 1959.

[24] *Agster, A.*, *Wirth, G.*, und *Peschke, W.:* Über den Abbau der Stärke mit Natriumbromit beim Entschlichten. Melliand Textilber. **47** (1966) S. 1279—1283.

[25] *Cullin, C. F.*, und *Waddingstons, D. S.:* A colorimetric determination of secondary amines. Anal. chim. Acta, Amsterdam **15** (1956) S. 158—162.

[26] *Petersen, H.:* Beziehung zwischen chemischer Konstitution und Reaktivität von N-Methylol- und N-Alkoxymethylverbindungen. 4. Mitt. Textilveredlung, Weinfelden/Schweiz **3** (1968) S. 353—373.

[27] *Martin, R. W.:* Simple methylol determination. Analytic. Chem. **23** (1951) S. 883—886.

[28] *Stenmark, G. A.*, und *Weiss, F. T.:* Determination of methylolgroups in phenolic resins. Analytic. Chem. **28** (1956) S. 260—262.

[29] *Seidl, J.*, und *Vasta, M.:* Kritische Betrachtungen über einige analytische Methoden zur Bestimmung der Harnstoff-Formaldehydkondensationsprodukte. Coll. czechoslov. chem. Commun. **22** (1957) S. 617—621.

[30] *Pfeil, E.*, und *Schroth, G.:* Mercurimetrische Formaldehydbestimmung. Z. analyt. Chemie **34** (1952) S. 333—334.

[31] *Ugelstad, J.*, und *de Jonge, J.:* A kinetical investigation of the reaction between amides und formaldehyd. Recueil Trav. chim. Pays-Bas **76** (1957) S. 919—945.

[32] *de Jong, J.*, und *de Jonge, J.:* The reaction of urea with formaldehyde. Recueil Trav. chim. Pays-Bas **71** (1952) S. 613—660.

[33] *Bennewitz, R.*, und *Foth, G.:* Zur chemischen Bestimmung von Formaldehyd in Reaktantharzen. Faserforsch. u. Textiltechnik **19** (1968) S. 37—39.

[34] *Auerbach, F.*, und *Barschall, H.:* Arb.-Kreis Gesund. **22** (1905) S. 594.

[35] *Winkel, A.*, und *Proske, G.:* Reduktion organischer Verbindungen an der Quecksilber-Tropfelektrode. Chem. Ber. **69** (1936) S. 693—706.

[36] *Jahoda, F. G.:* Coll. czechoslov. chem. Commun. **7** (1935) S. 415.

[37] *Vesely, K.*, und *Brdička, R.:* Coll. czechoslov. chem. Commun. **12** (1947) S. 313.

[38] *de Jong, J.*, und *de Jonge, J.:* A determination of methylolgroups in condensates of urea and formaldehyde. Recueil Trav. chim. Pays-Bas **72** (1953) S. 653—654.

[39] *Valk, G.*, *Schiefer, K.*, und *Ruppert,, K. H.:* Nachweis von Kunstharzappreturen durch Dünnschicht-Chromatographie auf Celluloseschichten. Z. ges. Textilind. **69** (1967) S. 179—185.
Valk, G., und *Schiefer, K.:* Trennung und Nachweis von cyclischen Harnstoff-Derivaten und Carbamaten sowie deren Hydrolyseprodukten durch Dünnschichtchromatographie. Z. ges. Textilind. **69** (1967) S. 783—786.

Eingegangen am 6. Dezember 1972

Faserforschung und Textiltechnik 24 (1973) Heft 4

Zur Aufladbarkeit von Personen beim Begehen von textilen Fußbodenbelägen

Wilfried Löbel

Forschungsinstitut für Textiltechnologie in Karl-Marx-Stadt

DK 677.64 : [677.017.57 : 537.221] : 537.242

Die physikalische Charakteristik des Aufladevorgangs von Personen beim Begehen von Fußbodenbelägen wird anhand eines Ersatzschaltbildes dargestellt. Es werden Grenzwerte der elektrischen Parameter angegeben, bei deren Einhaltung keine Schreckwirkungen durch elektrostatische Aufladung beim Begehen eintritt. Für die Prüfung der elektrostatischen Aufladbarkeit von Fußbodenbelägen werden Richtlinien angegeben.

Об электризуемости людей при хождении по текстильным изделиям, применяемым для покрытия полов

Физическая характеристика процесса электризуемости людей при хождении по покрытиям полов представлена при помощи вспомогательной схемы включения. Указаны предельные значения электрических параметров, при поддержании которых не наступает испуга вследствие электростатического заряда при хождении. Приведены рекомендации по испытанию электростатической заряжаемости покрытий для полов.

The Accumulation of Electrostativ Charges on Persons during Walking on Textile Floor Covers

The physical characteristics of the accumulation of electrostativ charges on persons during walking on textile floor covers are demonstrated by using an equivalent circuit. Limiting values of the electric parameters are derived, the observation of which would eliminate the danger of shocks during walking on the covers. Regulations for testing the accumulation of charges on floor covers are provided.

1. Einleitung

Die beim praktischen Gebrauch von Textilien aus synthetischen Faserstoffen auftretenden elektrostatischen Effekte beeinträchtigen in bestimmten Fällen erheblich das allgemein anerkannte gute Gebrauchsverhalten solcher Erzeugnisse. Insbesondere können beim Begehen von Fußbodenbelägen aus synthetischen Fasermaterialien elektrische Entladungserscheinungen an Personen auftreten, die mit unangenehmen und unzumutbaren Schreckeffekten verbunden sind. Offensichtlich ist diese Erscheinung in den letzten Jahren zu einem durchaus ernst zu nehmenden Problem geworden. Das geht aus zahlreichen Veröffentlichungen und aus den vielen Bemühungen zur Verhinderung dieser Effekte hervor. Die Ursachen hierfür sind vornehmlich im zunehmenden Einsatz textiler Erzeugnisse für Fußböden generell und vor allem in der Verwendung hochisolierender synthetischer Faserstoffe zu suchen. Gleichermaßen spielt hierbei der ständig wachsende Anteil zentralbeheizter Räume eine bedeutende Rolle; denn nicht selten liegt die rel. Luftfeuchte in den Wintermonaten in solchen Räumen in der Größenordnung von 20%. Dementsprechend ist die Aufladbarkeit der Personen beim Begehen solcher Erzeugnisse als eine wichtige Gebrauchseigenschaft anzusehen, und das Bedürfnis für stichhaltige Prüfverfahren liegt auf der Hand.

Die vorliegende Arbeit soll einen Beitrag zur Aufklärung des hierbei vorliegenden physikalischen Sachverhaltes liefern und damit theoretisch begründete Hinweise für die Prüfmethodik und Richtlinien für die Beurteilung der Aufladbarkeit bringen.

Von den zahlreichen Veröffentlichungen der letzten Jahre ist besonders eine Arbeit von *Medley* [1] bemerkenswert, der sehr klar und übersichtlich die hierbei anstehende physikalische Problematik erläutert und wichtige Gesichtspunkte für die Prüfmethodik anführt. Umfangreiche praktische Erfahrungen und Ergebnisse mit diesen Prüfverfahren teilt *Wilson* [2] mit.

2. Theoretische Betrachtungen

Beim Laufen über einen Fußbodenbelag entsteht als Folge des Kontaktes zwischen den Schuhsohlen und der Belagfläche und der nachfolgenden Trennung dieses Kontaktes auch eine Ladungstrennung. Dabei werden an den Kontaktflächen jeweils gleichgroße Ladungsbeträge entgegengesetzter Polarität getrennt, die einerseits zu einer Aufladung der begangenen Belagoberfläche und andererseits zu einer Aufladung der Schuhsohle und damit der Person mit entgegengesetzter Polarität führen können. Voraussetzung ist hierbei ein hohes Isolationsvermögen des Fußbodenbelages. Ein leitfähiger Belag ermöglicht dagegen ein momentanes Abfließen der Ladung zur Erde. Die bei jedem Schritt an der Schuhsohle auftretende Ladung fließt bei sehr guter Isolation des Bodenbelages entsprechend den Leitverhältnissen mehr oder weniger schnell zum Körper hin oder verbleibt längere Zeit an der Schuhsohle, wenn diese ebenfalls einen hohen Isolationswiderstand aufweist. In jedem Falle erfolgt eine Aufspeicherung dieser Ladung, und das dadurch zustande kommende Potential der Personen gegenüber der Umgebung kann auf einen Betrag von ca. 10 bis 15 kV anwachsen. Dieser Vorgang ist zunächst subjektiv nicht spürbar, da die dabei im Körper fließenden Ströme 1 μA nicht überschreiten. Gelangt der dieserart aufgeladene Körper in die unmittelbare Nähe eines geerdeten leitfähigen Gegenstandes oder einer anderen Person, so erfolgt bereits kurz vor der Berührung eine momentane Entladung über einen Funken.

Auf Grund des für elektrostatische Verhältnisse relativ niedrigen Körperwiderstandes unterhalb von 1 MΩ kann die auf dem Körper gespeicherte Ladung von ca. maximal 10^{-6} C im Bruchteil einer Millisekunde abfließen und dabei einen kurzen Stromstoß in der Größenordnung von 1 mA und mehr auslösen. Dieser Stromstoß ist spürbar und mit einem unangenehmen Schreck verbunden. Maßgebend für den Grad der Empfindung ist dabei die auf dem Körper gespeicherte und durch die Entladung abfließende Ladungsmenge Q_K. Da die Körperkapazität C_K im allgemeinen bei etwa $100\ \text{pF} = 10^{-10}\ \text{F}$ liegt, kann der gespeicherten Ladung entsprechend der Beziehung $Q = CU$ ein Körperpotential zugeordnet werden:

$$U_K = Q_K \cdot 10^{10}\ [\text{V}].$$

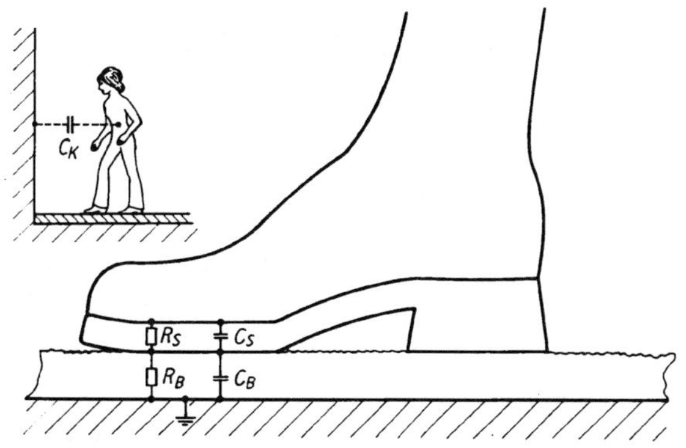

Bild 1. Schema zur Erläuterung des elektrischen Ersatzschaltbildes des Aufladungsvorganges beim Begehen eines Fußbodenbelages

Literaturberichten zufolge werden die Entladungen oberhalb eines Potentials von 2 kV spürbar und sind bei 10 kV bereits sehr unangenehm [2]. Das entspricht Ladungsmengen im Bereich von ca. $2 \cdot 10^{-7}$ bis 10^{-6} C.

Zur quantitativen Charakterisierung des physikalischen Sachverhaltes sei das elektrische Ersatzschaltbild einer über einen Fußbodenbelag laufenden Person zugrunde gelegt (s. Bilder 1 und 2).

Das Aufladungsverhalten wird dabei von folgenden charakteristischen physikalischen Größen des Fußbodenbelages, der Schuhsohlen und der Person bestimmt:

a) Elektrischer Widerstand des Bodenbelages R_B zwischen den äußeren Flächen der Schuhsohlen und der Erde

Dieser Widerstand wird vornehmlich durch den Durchgangswiderstand von der auf dem Belag aufliegenden Sohlenflächen zu der darunter befindlichen, meist um mehrere Größenordnungen besser leitfähigen und damit geerdeten Unterlage bestimmt.

Besitzt ein Teppich eine Rückenbeschichtung aus Plastematerial, die besser isoliert als das Fasermaterial, so wird eine von der Person herkommende Aufladung zunächst nicht direkt durch den Belag zur Erde abfließen, sondern wird sich praktisch zu einem ganzen Teil waagerecht in der Teppichfläche ausbreiten. In diesem Falle ist der horizontale Widerstand wirksam. Dadurch wird das Potential dieser Ladung auf einen so kleinen Betrag reduziert, wie es das Verhältnis der Schuhsohlenfläche zur gesamten verfügbaren Teppichfläche angibt und ist somit vernachlässigbar.

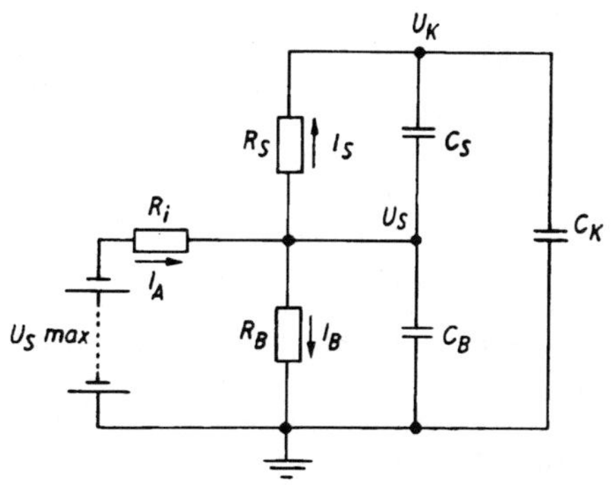

Bild 2. Elektrisches Ersatzschaltbild für den Aufladungsvorgang beim Begehen eines Fußbodenbelages

Außerdem kann sich die horizontal abgeflossene Ladung zum Teil mit der beim Gehen auf der Teppichoberfläche zurückgebliebenen Ladung entgegengesetzter Polarität neutralisieren. Im allgemeinen ist jedoch der Durchgangswiderstand um mindestens eine Größenordnung kleiner als der horizontale Flächenwiderstand.

b) Die Kapazität C_B der äußeren Sohlenfläche zur darunter befindlichen (geerdeten) Unterlage

Diese Kapazität hängt von der Größe der Sohlenfläche und der Belagdicke ab und kann zu etwa 50 pF angenommen werden.

Während des Schreitens ändert sich diese Kapazität periodisch etwas. Berühren beide Sohlen den Teppich, ist sie am größten.

c) Der Durchgangswiderstand R_S der gesamten Sohlenschicht von der Fußsohle zur äußeren Sohlenfläche

Dieser Widerstand kann im Bereich von 10^6 bis $10^{12}\,\Omega$ liegen. Sohlen aus natürlichem Leder und in vielen Fällen auch aus Gummi besitzen meist einen Widerstand unterhalb von $10^9\,\Omega$, während synthetische Ledersohlen, Porokreppsohlen und PVC-Sohlen meist mit einem Widerstand um $10^{12}\,\Omega$ sehr gute Isolationseigenschaften besitzen.

d) Die Kapazität C_S der Schuhsohle zwischen der inneren und der äußeren Sohlenfläche

Diese Kapazität hängt von der Größe der Fläche, von der Dicke der Sohle und der Dielektrizitätskonstanten des Sohlenmaterials ab und beträgt im allgemeinen etwa 100 pF.

e) Die Kapazität C_K einer Person zur Umgebung

Diese Kapazität hängt von der Körpergröße ab und beträgt ebenfalls etwa 100 pF.

Die Person kann in bezug auf die Widerstände R_B und R_S als idealer Leiter aufgefaßt werden, so daß ein Personenwiderstand unberücksichtigt bleibt.

Das auf der Person erzeugte Körperpotential U_K hängt außerdem ganz wesentlich von der bei jedem Schritt getrennten Aufladungsmenge und von der Schrittgeschwindigkeit ab. Dementsprechend kann ein Aufladungsstrom I_A definiert werden, der die pro Sekunde an der äußeren Sohlenfläche hinzukommende Ladungsmenge Q angibt. Dieser Strom besitzt entsprechend dem Rhythmus des Schreitens einen pulsierenden Charakter; im folgenden sei aber zur Vereinfachung mit einem gleichmäßig fließenden mittleren Strom gerechnet.

Dieser mittlere Strom ist jedoch im allgemeinen nicht während des gesamten Begehprozesses konstant, sondern wird mit zunehmendem Potential U_S der äußeren Sohlenfläche kleiner; denn der Ladungszuwachs einer bereits aufgeladenen Fläche bei wiederholtem Kontakt wird immer kleiner. Ist auf der gesamten Fläche das durch die Durchschlagsfeldstärke der Luft begrenzte Maximalpotential U_{max} erreicht, so versiegt der Ladungszufluß völlig. Das hängt vornehmlich damit zusammen, daß maximal aufgeladene Oberflächenelemente bei erneuter Kontakttrennung keine zusätzliche Ladung aufnehmen können. Bei Überschreitung dieser maximalen Ladungsdichte erfolgt sofort eine Gasentladung zur Erde hin, die damit den zufließenden Ladungsstrom reduziert. Dieser Sachverhalt kann im physikalischen Modell dadurch berücksichtigt werden, daß der zufließende Ladungsstrom I_A proportional zur Differenz zwischen dem Maximalpotential $U_{S\max}$ und dem zum Zeitpunkt t momentan erreichten Potential $U_S(t)$ der Fläche angesetzt wird. Damit ist der Aufladungsmechanismus an der Schuhsohle modellmäßig auf einen Gleichspannungsgenerator mit der eingeprägten Spannung $U_{S\max}$ und einem Innenwiderstand R_i zurückgeführt. Für R_i ergibt sich:

$$R_i = \frac{U_{S\max}}{I_{A0}}.$$

I_{A0} ist der zum Beginn des Aufladungsvorganges ($U_S = 0$) zufließende Ladungsstrom.

Die für den Aufladungsstrom I_A maßgebende, pro Einzelschritt getrennte Ladungsmenge hängt vom Oberflächenzustand der Kontaktpartner Schuhsohle/Bodenbelagoberfläche ab, insbesondere von dem durch die Materialkombination bestimmten Kontaktpotential, von vorhandenen Fremdsubstanzen wie Verunreinigungen und Textilhilfsmittel auf einem Teppich und von der Oberflächenstruktur. Präparationsbedingte Oberflächeneffekte, wie beispielsweise der von *Medley* [3] postulierte Brückeneffekt, können den Ladungstrennungsprozeß stark reduzieren. Nimmt man an, daß bereits nach dem ersten Schritt die der Durchschlagsfeldstärke der Luft entsprechende Maximalladungsdichte von $\sigma_{\max} \approx 2{,}5 \cdot 10^{-9}\,\mathrm{C/cm^2}$ auf der Sohle auftritt, so ergibt sich bei einer Sohlenfläche F_S von $100\,\mathrm{cm^2}$ und einer Schrittfrequenz f von $2\,\mathrm{s^{-1}}$ ein Anfangswert für den Strom I_A

$$I_{A\max} = \sigma_{\max} \cdot F_S \cdot f = 5 \cdot 10^{-7}\,A.$$

Dieser Maximalwert des Aufladungsstromes wird in der Praxis nur in seltenen Fällen auftreten. Viel häufiger liegt I_A um eine bis zwei Größenordnungen niedriger und damit R_i entsprechend höher.

Einen Wert für den Betrag des Maximalpotentials der äußeren Sohlenfläche $U_{S\max}$ erhält man aus der möglichen Maximalladungsdichte ($\sigma_{\max} \approx 2{,}5 \cdot 10^{-9}\,\mathrm{C/cm^2}$), der Fläche beider Sohlen ($\approx 200\,\mathrm{cm^2}$) sowie der Kapazität der Sohlenfläche gegen Erde ($C_B \approx 5 \cdot 10^{-11}\,\mathrm{F}$) zu etwa 10^4 V.
In der Tat stimmt dieses Maximalpotential gut mit experimentellen Ergebnissen überein [2].

Damit ergibt sich für den postulierten Innenwiderstand ein unterer Grenzwert von

$$R_{i\min} = \frac{U_{S\max}}{I_{A\max}} = 2 \cdot 10^{10}\,\Omega.$$

Aus diesen Betrachtungen ergibt sich somit das in Bild 2 angegebene Ersatzschaltbild als Modell zur Ermittlung des Aufladungsprozesses einer Person beim Begehen eines Fußbodenbelages. Die Differentialgleichung für die zeitlich veränderlichen Potentiale U_S und U_K ergeben sich aus folgenden Betrachtungen:

Für die Ladungsänderung der Kapazitäten C_K und C_S pro Zeiteinheit gilt

$$\frac{dQ}{dt} = \frac{dQ_K}{dt} + \frac{dQ_S}{dt} = I_S.$$

Daraus ergibt sich für die Potentialänderung:

$$C_K \frac{dU_K}{dt} + C_S \frac{d(U_K - U_S)}{dt} = \frac{U_S - U_K}{R_S},$$

$$U_S + R_S C_S \frac{dU_S}{dt} - U_K - R_S\,(C_K + C_S)\,\frac{dU_K}{dt} = 0. \quad (1)$$

Außerdem gilt für die Ladungsänderung der Kapazitäten C_B und C_S pro Zeiteinheit:

$$\frac{dQ}{dt} = \frac{dQ_B}{dt} + \frac{dQ_S}{dt} = I_A - I_S - I_B.$$

Daraus ergibt sich für die Potentialänderung:

$$C_B \frac{dU_S}{dt} + C_S \frac{d(U_S - U_K)}{dt} = \frac{U_0 - U_S}{R_i} - \frac{U_S}{R_B} - \frac{U_S - U_K}{R_S},$$

$$\frac{R_i R_S + R_B R_S + R_B R_i}{R_i R_B R_S}\,U_S + (C_B + C_S) \times \frac{dU_S}{dt} - \frac{U_K}{R_S} - C_S \frac{dU_K}{dt} = \frac{U_{S\max}}{R_i}. \quad (2)$$

Aus diesen beiden Differentialgleichungen erster Ordnung ergibt sich folgende Differentialgleichung zweiter Ordnung für das Körperpotential U_K:

$$U_K + a\,\frac{dU_K}{dt} + b\,\frac{d^2U_K}{dt^2} = U_{S\max}\,\frac{R_B}{R_i + R_B}; \quad (3)$$

darin sind:

$$a = \frac{R_i R_B}{R_i + R_B}\,(C_K + C_B) + R_S(C_K + C_S);$$

$$b = \frac{R_i R_B}{R_i + R_B}\,R_S[C_K\,(C_B + C_S) + C_S C_B].$$

Die Lösung lautet für die Anfangsbedingungen

$U_S = 0$ und $U_K = 0$ zur Zeit $t = 0$:

$$U_K = U_{S\max}\,\frac{R_B}{R_i + R_B} \times \left(\frac{\frac{R_S C_S}{b} + \lambda_2}{\lambda_1 - \lambda_2}\,e^{\lambda_1 t} + \frac{\frac{R_S C_S}{b} + \lambda_1}{\lambda_2 - \lambda_1}\,e^{\lambda_2 t} + 1 \right); \quad (4)$$

darin ist $\lambda_{1,2} = -\frac{1}{2b}\left(a \pm \sqrt{a^2 - 4b}\right)$.

Dementsprechend wird das sich nach einiger Zeit beim Begehen einstellende Körperpotential U_K einen durch das Spannungsteilerverhältnis $R_B/(R_i + R_B)$ bestimmten Bruchteil des Maximalpotentials $U_{S\max} \approx 10$ kV annehmen. Die Aufladungszeit wird durch die beiden Exponentialglieder bestimmt, wobei λ_1 und λ_2 stets negativ sind und die negativen reziproken

Tabelle 1. Numerische Lösungen für U_K für verschiedene Varianten des Widerstandes
angenommene Kapazitätswerte: $C_K = 10^{-10}\,F$, $C_S = 10^{-10}\,F$, $C_B = 5 \cdot 10^{-11}\,F$

Variante	R_B Ω	R_S Ω	R_i Ω	U_K V
1.	10^{12}	10^{9}	$2 \cdot 10^{10}$	$9800\,(0{,}01\,e^{-7{,}64t} - 1{,}01\,e^{-0{,}33t} + 1)$
2.	10^{12}	10^{9}	$2 \cdot 10^{11}$	$8300\,(0{,}001\,e^{-7{,}52t} - 1{,}001\,e^{-0{,}04t} + 1)$
3.	10^{11}	10^{9}	$2 \cdot 10^{11}$	$3300\,(0{,}003\,e^{-7{,}53t} - 1{,}003\,e^{-0{,}1t} + 1)$
4.	10^{10}	10^{9}	$2 \cdot 10^{11}$	$477\,(0{,}02\,e^{-7{,}53t} - 1{,}02\,e^{-0{,}66t} + 1)$
5.	10^{12}	10^{9}	$2 \cdot 10^{12}$	$3300\,(0{,}003\,e^{-7{,}50t} - 1{,}003\,e^{-0{,}01t} + 1)$
6.	10^{12}	10^{12}	$2 \cdot 10^{11}$	$8300\,(1 - 0{,}43\,e^{-0{,}063t} - 0{,}57\,e^{-0{,}0048t})$

Zeitkonstanten darstellen. Die Koeffizienten der Exponentialterme drücken jeweils den Anteil der durch die beiden Zeitkonstanten $-\frac{1}{\lambda_1}$ und $-\frac{1}{\lambda_2}$ charakterisierten Aufladungsprozesse aus. Sind diese beiden Zeitkonstanten sehr voneinander verschieden, so wird einer der beiden Koeffizienten sehr klein, und der entsprechende Term kann dann gegenüber dem anderen vernachlässigt werden.

Für einige in der Praxis vorkommende Varianten der Widerstandswerte R_B und R_S und des sich aus dem anfänglichen Aufladungsstrom I_{A_0} ergebenden Innenwiderstandes R_i bei konstanten, den praktischen Verhältnissen entsprechenden Kapazitätswerten sind die numerischen Lösungen für U_K in der Tabelle 1 angegeben. Die grafische Darstellung dieser zeitlichen Aufladungscharakteristik der Varianten findet sich in Bild 3.

Die erste Variante entspricht den ungünstigsten Verhältnissen, indem der niedrigste Wert für R_i (maximale Ladungstrennung) und ein hoher Wert für R_B angenommen wurde. Für R_S wurde ein niedriger Wert eingesetzt, wie er beispielsweise bei Leder- und Gummisohlen in der Praxis häufig vorkommt. Dadurch erfolgt eine schnelle Ladungsübertragung von der Schuhsohle zum Körper. Die Zeitkonstante für den

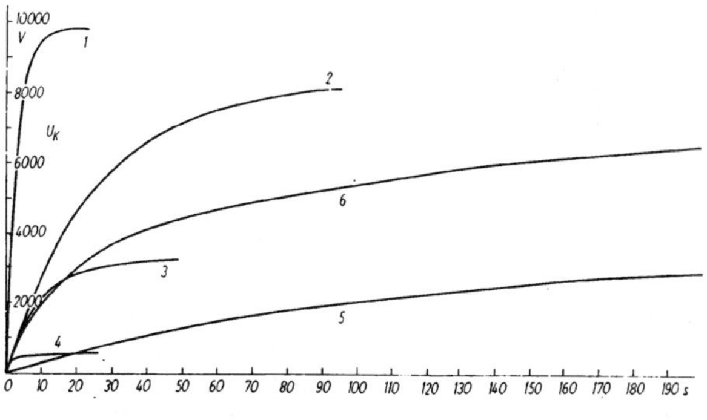

Bild 3. Grafische Darstellung des nach Gleichung (4) theoretisch ermittelten Aufladevorganges beim Begehen von Fußbodenbelägen für die in Tabelle 1 zusammengestellten Varianten

Aufladevorgang auf nahezu die Maximalspannung von 10 kV beträgt in diesem Fall 3 s. Der erste Exponentialterm ist auf Grund des sehr kleinen Koeffizienten ebenso wie bei den nächsten vier Varianten mit $R_S = 10^9\,\Omega$ zu vernachlässigen.

In den Varianten 2, 3 und 4 wurde bei einem für die meisten praktischen Verhältnisse sicherlich sehr realen Wert von $R_i = 2 \cdot 10^{11}\,\Omega$ R_B variiert.

Es ist ersichtlich, daß bereits bei $R_B = 10^{11}\,\Omega$ U_K im Bereich der unteren Empfindungsgrenze für den „Entladungsschreck" liegt. Dementsprechend sind unterhalb des Wertes für $R_B = 10^{11}\,\Omega$ diese Effekte nicht mehr zu erwarten.

Bei einer Sohlenfläche von 100 cm² entspricht das einem spezifischen Durchgangswiderstandswert (Widerstand eines cm²) von $\varrho_B = 10^{13}\,\Omega\text{cm}^2$. Das stimmt mit dem von *Medley* [3] angegebenen Wert und auch mit eigenen Erfahrungen überein.

Andere Autoren geben niedrigere Werte an, beispielsweise *Wilson* [2] einen Grenzwert von $5 \cdot 10^{11}\,\Omega\text{cm}^2$. Das erscheint insofern zweckmäßig, als in der Praxis mitunter niedrigere Luftfeuchten auftreten als bei der Prüfung. Da bei Reduzierung der Luftfeuchte der Widerstandswert schnell ansteigt, ist bei der Vorgabe des zulässigen Grenzwertes eine gewisse Reserve durchaus angebracht.

Wird ein Aufladungsstrom angenommen, der 1/100 des Maximalstromes beträgt, d. h. wird $R_i = 2 \cdot 10^{12}\,\Omega$ angesetzt, so ergibt sich bei dem relativ hohen Wert von $R_B = 10^{12}\,\Omega$ nicht nur eine größere Zeitkonstante (10 s), sondern es stellt sich auch ein relativ niedriger stationärer Potentialwert der Person von ca. 3 kV ein. Daraus folgt, daß auch bei sehr hohen Ableitwiderständen dann keine kritischen Körperpotentialwerte mehr auftreten, wenn beim Begehen Ladungsmengen getrennt werden, die klein gegen den Maximalwert sind. Dieser Fall kann beispielsweise eintreten, wenn auf einer Teppichoberfläche antistatische Substanzen vorhanden sind, die zwar nicht unbedingt den gesamten Isolationseffekt des Belages zur Erde hin reduzieren, d. h. R_B erniedrigen, aber unmittelbar im Bereich der Kontakttrennungsstelle eine Leitbrücke erzeugen [3] und damit den Ladungstrennprozeß stark reduzieren. Das kann durch oberflächliches Aufsprühen von Antistatika erreicht werden. Eine ähnliche Auswirkung hat das Auftreten eng benachbarter Ladungen beider Polaritäten auf der Teppichoberfläche. Durch die dabei zustande kommende Ladungskompensation wird der resultierende Strom ebenfalls begrenzt. Dieser Fall kann vornehmlich dann auftreten, wenn der Bodenbelag an der Oberfläche aus einer Fasermischung besteht, deren Komponenten zu entgegengesetzter Polarität der Aufladung neigen.

Zu positiver Aufladung tendieren beispielsweise Polyamid und Wolle und zu negativer Aufladung Polyester, Polypropylen und Polyacrylnitril.

Dieser Sachverhalt bedeutet, daß bei hohem Isolationswiderstand des Fußbodenbelages nicht notwendig auch ein hohes Körperpotential beim Begehen auftreten muß. Die Prüfung der Aufladbarkeit eines Bodenbelages sollte dementsprechend dann nicht nur auf die Bestimmung des Belagwiderstandes beschränkt werden, wenn dieser Widerstand die obere Grenze von ca. $10^{12}\,\Omega\text{cm}^2$ überschreitet. In solchen Fällen empfehlen sich Begehversuche und Messung der Personenladung. Hierbei sollten jedoch verschiedene Schuhsohlenmaterialien eingesetzt werden, da die Aufladungsneigung sehr stark von der Materialkombination abhängt.

In der sechsten Variante der Tabelle 1 wurde neben dem hohen Widerstand des Bodenbelages auch ein hoher Durchgangswiderstand des Sohlenmaterials angenommen. In diesem Falle ist der Aufladungsvorgang durch zwei mit etwa gleichem Gewicht eingehende Aufladungsvorgänge mit den Zeitkonstanten von etwa 16 s und 200 s gekennzeichnet. Dementsprechend erfolgt zunächst die Aufladung der äußeren Sohle. Dadurch erhält der Körper durch den Influenzeffekt bereits etwa 50% des sich erst durch Überfließen der Ladung auf den Körper nach einigen Minuten einstellenden Gleichgewichtspotentials von 8300 V. Ein hoher Isolationswiderstand der Sohlen verzögert demnach zwar erheblich die Einstellung des endgültigen Potentials; trotzdem kann aber eine schnelle Aufladung der Sohlenfläche auf Grund der auf dem Körper influenzierten gegenpoligen Ladung sofort zur Überschreitung des für einen „Entladungsschreck" kritischen Potentials führen.

3. Aspekte für die Prüfung

Aus den theoretischen Betrachtungen und aus bisherigen Erfahrungen ergeben sich folgende Gesichtspunkte für die Festlegung von Verfahren zur Prüfung der elektrostatischen Eigenschaften von Fußbodenbelägen.

Die wichtigste Kenngröße ist der *elektrische Widerstand* des Bodenbelages. Dabei sollten der Durchgangswiderstand und der Oberflächenwiderstand getrennt erfaßt werden.

Der Durchgangswiderstand wird gemessen, indem die Teppichprobe zwischen zwei ebenen Metallplatten als Elektroden von mindestens je 100 cm² Fläche gepreßt wird. Der Preßdruck sollte der Körperbelastung entsprechen, d. h. $\geqq 0{,}5$ kp/cm².

Der Meßwert R_D wird durch Multiplikation mit der Meßfläche F auf den Durchgangswiderstand ϱ_D einer Flächeneinheit umgerechnet:

$$\varrho_D = R_D \cdot F.$$

Die zur Messung benutzte Probe sollte in der Regel nicht größer als die Elektroden sein.

Bei der Messung des spezifischen Oberflächenwiderstandes ϱ_F werden zwei ebene metallische Elektrodenflächen auf der gleichen Seite der Probe in einem solchen Abstand voneinander auf den Belag aufgepreßt, daß die Meßfläche quadratisch ist. Die Seitenlänge, d. h., die Länge der wirksamen Elektroden sollte mindestens 200 mm betragen. Die beiden Elektroden sind besonders an den gegenüberliegenden Kanten anzupressen, um einen guten elektrischen Kontakt zu ermöglichen. Bei der Messung muß der Prüfling auf einer isolierenden Unterlage aufliegen (PVC-Platte). Die Messung sollte in beiden Richtungen parallel zu den beiden Kanten einer Teppichprobe erfolgen, da der Flächenwiderstand längs dieser beiden Richtungen unterschiedlich sein kann.

Die Meßspannung sollte bei allen Widerstandsmessungen generell in der Größenordnung von 1000 V liegen. Beim Arbeiten mit derart hohen Spannungen sind unbedingt entsprechende Arbeitsschutzvorkehrungen zu treffen (s. u.).

Ist der spezifische Durchgangswiderstand ϱ_D kleiner als $10^{12}\,\Omega\text{cm}^2$ oder ist der spezifische Flächenwiderstand ϱ_F in einer der beiden Richtungen kleiner als $10^{10}\,\Omega$, so sind Schreckwirkungen mit Sicherheit nicht zu erwarten.

In diesem Falle erübrigen sich weitere Prüfungen. Hierbei ist jedoch zu beachten, daß die rel. Luftfeuchte ein sehr wesentlicher Einflußfaktor ist. Entsprechend praktischen Bedingungen sollten demnach die Prüfungen in einem möglichst trockenen Klima, beispielsweise bei 25% rel. Luftfeuchte durchgeführt werden.

Ein indirektes Maß für den Ableitwiderstand einer Teppichprobe ist die Entladungszeit einer auf dem Teppich stehenden Person oder einer aufgedrückten Elektrodenfläche von etwa 100 cm². Dabei muß die Teppichprobe einer Größe von mindestens 50 × 50 cm² auf einer geerdeten leitenden Unterlage liegen. Wird an einer Person gemessen, so muß der Durchgangswiderstand der Schuhsohlen $R_S \leqq 10^9\,\Omega$ sein. Das Aufladungspotential sollte in diesem Falle ebenfalls mindestens 1000 V betragen. Dabei sind jedoch unbedingt Arbeitsschutzvorkehrungen erforderlich, indem eine Spannungsquelle mit einem Innenwiderstand von etwa $10^7\,\Omega$ benutzt wird. Vorschaltwiderstände müssen für Hochspannung geeignet sein. Die hochspannungsführenden Zuleitungen sollten nicht abgeschirmt und die hochspannungsführenden Elektroden nicht größer als 500 cm² sein, um Kapazitäten zu vermeiden, die zu gefährlichen Entladungen führen können. Dieser Hinweis betrifft gleichermaßen die Widerstandsmessung.

Bei der Prüfung ist die Zeit zu bestimmen, in der die Spannung auf einen bestimmten Bruchteil der Anfangsspannung, beispielsweise auf die Hälfte abklingt. Liegt diese Halbwertszeit t_H unterhalb von 2 s, so sind Ladungseffekte ebenfalls ausgeschlossen. Hierbei ist die Eingangskapazität des Meßsystems C_E in pF zu berücksichtigen. Liegt diese oberhalb von 50 pF, so ist der Meßwert t_{Hm} folgendermaßen zu korrigieren:

$$t_{H\text{korr}} = t_{Hm} \frac{150}{150 + C_E}.$$

Falls eine Prüfung zur Beurteilung einer durch elektrische Entladungen möglichen Explosionsgefahr durchgeführt werden soll, kann aus Sicherheitsgründen nur die Messung des Durchgangswiderstandes nach TGL 22061, Bl. 2 [4] in Betracht gezogen werden. In diesem Falle darf ein zulässiger Grenzwiderstand von $10^{10}\,\Omega\text{cm}^2$ im trockenen Klima (25% rel. Luftfeuchte) nicht überschritten werden.

Werden Fußbodenbeläge mit Metallfasern oder metallisierten Fasern geprüft, so können Durchgangs- und Oberflächenwiderstandsmessungen mit metallischen Elektrodenflächen Meßwerte liefern, die sehr niedrig sind und in der Größenordnung von Kiloohm liegen, während die an den gleichen Proben gemessenen Entladungszeiten einer auf dem Belag stehenden Person auf Widerstandswerte hindeuten, die bis zu sechs Größenordnungen höher liegen können. Die Ursache dieser Unterschiede liegt am Kontaktwiderstand zwischen Schuhsohle bzw. Meßelektrode und Belagoberfläche. Die effektiven Kontaktflächen zu den einzelnen auf der Oberfläche befindlichen Metallfasern sind sehr klein. Da der spezifische Widerstand einer Schuhsohle um mindestens 15 Größenordnungen höher liegt als der Widerstand von Metallelektroden, bildet sich infolge der winzigen Kontaktflächen bei der Berührung mit den Schuhsohlen ein Kontaktwiderstand aus, der wesentlich größer als der Durchgangswiderstand der Sohlen sein kann. Dieser Effekt ist bei der Benutzung von Metallelektroden nicht wirksam.

Dementsprechend sollten bei metallfaserhaltigen Bodenbelägen nur die Entladungszeiten einer auf dem Belag stehenden Person geprüft werden, wobei diese Person Schuhe trägt, deren Sohlen-Durchgangswiderstand in der Größenordnung von $10^8\,\Omega$ liegt (Ledersohlen).

Falls bei der Widerstandsmessung bzw. Messung der Halbwertszeit einer Person die angegebenen Grenzwerte überschritten sind und damit möglicherweise die durch elektrostatische Aufladungen bedingten Schreckwirkungen zu erwarten sind, kann die Information über die Aufladbarkeit durch eine direkte Messung der Personenladung beim Begehen ergänzt werden. Damit werden die bereits erwähnten Effekte erfaßt, die die unmittelbare Ladungstrennung beeinflussen und die bei einer Widerstandsmessung nicht zur Geltung kommen.

Eine Simulierung mittels eines Reibverfahrens ist nicht sehr empfehlenswert, da bestimmte Parameter die Ladungstrennung sehr stark beeinflussen, wie z. B. Reibmaterial, Art und Geschwindigkeit der Kontakttrennung und Auflagedruck.

Für Begehversuche sollten gleichzeitig verschiedene Sohlenmaterialien eingesetzt werden, beispielsweise Naturleder, synthetisches Leder, Porokrepp, Gummi, PVC, Hartzell, um materialbedingte Zufälligkeiten weitestgehend auszuschließen. Die Sohlen sind vor dem Begehen gründlich zu reinigen, gegebenenfalls mit Waschmittel und Lösungsmittel. Die Probenfläche sollte größer als 1 m² sein, um während eines Versuches ein wiederholtes Betreten eines bereits begangenen Flächenelementes zu vermeiden. Die Probe muß auf einer geerdeten Metallplatte liegen, um definierte Potentialverhältnisse zu schaffen. Wenn auch in vielen Fällen der Aufladungsprozeß bereits nach wenigen Sekunden abgeschlossen ist, empfiehlt es sich, den Begehversuch entsprechend der verfügbaren Teppichfläche weitgehend auszudehnen, wenn möglich auf 1 min. Die Schrittfrequenz sollte mittels eines Taktgebers (Metronom) konstant gehalten werden. Vor dem Beginn des Versuches ist die Person zu erden und die Teppichfläche mittels eines Ionisators zu entladen. Die Ladungsmessung der Versuchsperson mittels eines Elektrometers sollte in einem Potentialbereich oberhalb 100 V erfolgen, um die bei niedrigen Meßspannungen durch Kontaktpotentiale und räumliche Störfelder möglichen Einflüsse zu vermeiden. Der Begehprozeß wird auf einer isolierenden Unterlage mit einer leitfähigen Oberfläche (Metallplatte) beendet und in diesem Zustand das Personenpotential gemessen. Am günstigsten ist ein Isolierschemel von mehr als 5 cm Höhe über dem Boden, da dann die Kapazität

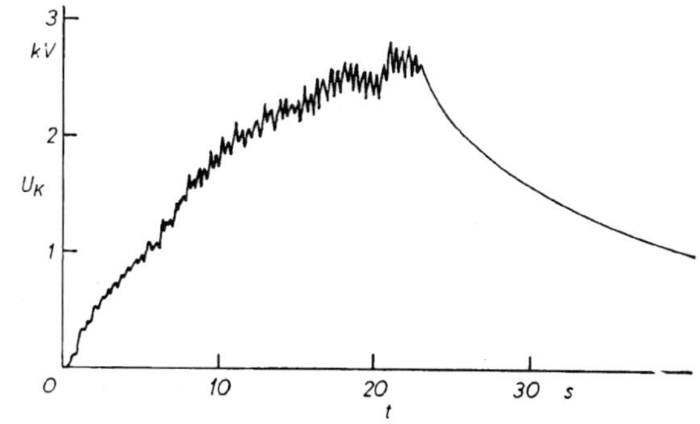

Bild 4. Mit einem Linienschreiber registriertes Personenpotential U_K während des Begehens und nachfolgenden Stehenbleibens auf einer Polyamid-Teppichprobe (Sohle aus natürlichem Leder mit einem Durchgangswiderstand von $1{,}3 \cdot 10^9\,\Omega$, $\varrho_B = 1{,}65 \cdot 10^{13}\,\Omega\text{cm}^2$, $\varrho_F = 6 \cdot 10^{10}\,\Omega$, 32% rel. Luftfeuchte)

der Person zum Boden vernachlässigt werden kann und damit auch die an den äußeren Flächen der Schuhsohlen befindlichen Ladungen voll mit erfaßt werden. Die Ladungsmenge Q_K der Person errechnet sich aus dem gemessenen Potential U_K, der Personenkapazität C_K auf dem Schemel (ca. 10^{-10} F) und der Eingangskapazität des Elektrometers C_E zu

$$Q_K = (10^{-10} + C_E)\, U_K\,.$$

Wird bei den mit verschiedenen Sohlenmaterialien im trockenen Klima durchgeführten Prüfungen nach einer jeweiligen Versuchszeit von 1 min eine Ladungsmenge auf der Person von $2 \cdot 10^{-7}$ C nicht überschritten, so kann der betreffende Fußbodenbelag mit hoher Wahrscheinlichkeit als hinreichend antistatisch gelten. Es sei jedoch betont, daß bei vorliegenden Explosionsgefahren diese Bedingung nicht ausreicht. In diesem Falle kann aus Sicherheitsgründen nur der Durchgangswiderstand als Kriterium gelten.

Eine an einer Person ermittelte typische Kurve für die zeitliche Potentialzunahme beim Begehen einer Teppichprobe und für den Entladungsvorgang beim Stehenbleiben auf dem Teppich zeigt Bild 4.

Zusammenfassung

Zur Herleitung von Richtlinien für die Beurteilung der Aufladbarkeit von Personen beim Begehen von Fußbodenbelägen wird die physikalische Charakteristik des Aufladevorganges anhand eines Ersatzschaltbildes erläutert. Für den Aufladevorgang wesentliche Kenngrößen sind: elektrischer Durchgangs- und Oberflächenwiderstand des Belages R_B, Durchgangswiderstand der Schuhsohlen R_S, der Aufladungsstrom I_A, die Personenkapazität zur Umgebung C_K, die Kapazität zwischen Person und äußerer Sohlenfläche C_S sowie zwischen äußerer Sohlenfläche und Erde C_B. Der Ladungstrennungsprozeß wird modellmäßig durch einen Gleichspannungsgenerator von $U_{S\max} \approx 10$ kV mit einem durch den jeweiligen Aufladungsstrom bestimmten Innenwiderstand R_i dargestellt. Die Lösung der Differentialgleichung für das zeitabhängige Personenpotential U_K beim Begehen eines Fußbodenbelages hat die Form

$$U_K = U_{S\max} \frac{R_B}{R_B + R_i} \left[1 - A e^{-t/\tau_1} - (1 - A)\, e^{-t/\tau_2}\right].$$

Hierbei ist t die Zeit und die Konstante A sowie die Zeitkonstanten τ_1 und τ_2 hängen ab von den Größen R_B, R_S, R_i, C_B, C_S und C_K. Für sechs verschiedene Varianten werden numerische Lösungen mit grafischer Darstellung angegeben. Aus den theoretischen Betrachtungen wird hergeleitet, daß die mit Schreckwirkungen verbundenen Aufladungen beim Begehen dann mit Sicherheit nicht mehr auftreten, wenn entweder der spezifische Durchgangswiderstand des Belages kleiner als 10^{12} Ωcm^2 oder der spezifische Oberflächenwiderstand kleiner als 10^{10} Ω ist. Falls keine dieser Bedingungen erfüllt ist, sollte durch Begehversuche mit Schuhen aus mindestens fünf verschiedenen Sohlenmaterialien und Messung der Personenladung eine zusätzliche Information ermittelt werden. Wird nach 1 min eine Ladungsmenge auf der Person von $2 \cdot 10^{-7}$ C bei keinem der eingesetzten Schuhsohlenmaterialien überschritten, so kann der Belag als hinreichend „schockfrei" gelten. Alle Prüfungen sollten im trockenen Klima (25% rel. Luftfeuchte) durchgeführt werden.

Für wertvolle Diskussionen zu dieser Problematik sei hiermit Herrn Dipl.-Phys. *Friedemann Kux* gedankt.

Literatur

[1] *Medley, J. A.:* Static on carpets. Carpet Review **28** (1972) 6, S. 48.
[2] *Wilson, N.:* The static behaviour of carpets. Textile Inst. Industrie **10** (1972) 8, S. 235.
[3] *Medley, J. A.:* The discharge of electrified textiles. J. Textile Inst. **45** (1954) S. T123—T141.
[4] TGL 22061 Bl. 2: Elektrostatische Aufladungen; Messung des elektrischen Widerstandes an Proben von Fußbodenbelägen und an verlegten Fußböden.

Eingegangen am 18. Dezember 1972

Kurze Mitteilungen[1]

Zur quantitativen Bestimmung von Ruß in schwarzpigmentierten Polyäthylenterephthalatmaterialien

DK 678.674'524'420 : 678.046.2 : 678.029.82 : 543.062 : 543.436

Problemstellung

Bei der Herstellung hochpolymerer Produkte ist es üblich, je nach Verwendungszweck unterschiedliche Mengen organischer oder anorganischer Zusatzstoffe zu verwenden. An diese Zusätze werden besonders hohe Anforderungen gestellt, wenn sie als Füllstoffe, Flammschutzmittel, Antioxydantien, Stabilisatoren, Weichmacher, Farbstoffe, Pigmente usw. bei der Produktion von Fäden oder Folien eingesetzt werden.

Schwarz- und Weißpigmente werden nicht nur in reiner Form, sondern auch als Komponenten zum Abtönen anderer Einfärbungen verwendet. Das wichtigste Schwarzpigment ist nach bestimmten Verfahren produzierter Ruß [1]. Er verleiht den Produkten gleichzeitig große Farbtiefe, erhöhte Wärmebetändigkeit und schützt die polymere Substanz vor Abbauerscheinungen durch UV-Strahlen [1, 2]. Die Wechselwirkungen von Ruß mit Monomeren und Polymeren nach Einarbeiten in eine polymere Matrix werden von der Natur seiner physikalischen und chemischen Oberflächenverhältnisse und der Reaktivität des Makromoleküls bestimmt [3 bis 6]. Aus der Sicht des Elastomer-Chemikers haben höhere Rußgehalte bis zu 50% praktische und technologische Bedeutung, da sie großen Einfluß auf die mechanischen Eigenschaften der Polymeren ausüben [7]. Über die Eigenschaften von Rußen unterschiedlicher Provenienz, die mit bestimmtem Ziel zum Einsatz als Schwarzpigment oder Füllstoff gelangen, gibt die „Rußanalytik" Aufschluß [1]. Auf bestimmte Eigenschaften der Ruße geht auch die Erhöhung der elektrischen Leitfähigkeit rußgefüllter Fäden zurück [7a].

Ruß gilt zwar als anorganisches Pigment, er enthält aber, je nach Herstellungsverfahren, meist saure funktionelle Gruppen organischer Natur [8, 9], die Anlaß zu auffälligen Nebenreaktionen bei der Pigmentierung geben können. Gerade die sauer katalysierte Dimerisierung von Äthylenglykol führt bei der Polyäthylenterephthalatbildung zur vielbeachteten Cokondensation mit Diäthylenglykol [10]. Für eine nähere Untersuchung aller rußbedingten Effekte in Polymeren erscheint uns der Vorschlag zu einer neuen Analysenmethode zur Rußbestimmung berechtigt, weil auf keine quantitative Bestimmungsmethode für kleine Rußgehalte zurückgegriffen werden kann.

Da das menschliche Auge geringe Unterschiede in Schwarztönen sehr genau zu registrieren vermag, ist besonders bei der Rußpigmentierung von Chemiefasern eine strenge Kontrolle des Pigmentgehaltes erforderlich. Die dazu nötige Analysenmethode muß routinemäßig durchführbar sein und dem überaus großen Produktionsausstoß mit engen Fertigungsgrenzen Rechnung tragen. Abgesehen von einigen Stammkonzentraten überschreitet der Gehalt an nichtpolymeren Zusätzen die 2%-Grenze nicht, da sonst mit Spinnschwierigkeiten zu rechnen ist. Ein optimaler Schwarzpigmentgehalt für Polyäthylenterephthalat (LAVSAN) wurde mit ca. 1,5 Masseprozenten angegeben [10]. Die von *A. Fiorenza* und *L. Rizzardini* angegebenen Methoden [11], die dann später von *P. Kurzmann* u. Mitarb. [12] präzisiert wurden, sind nur auf große Rußgehalte anwendbar, weil die „Blindwerte" in der Größenordnung der auf dem Fasersektor verwendeten Pigmentzusätze liegen.

Bestimmung des Rußgehaltes durch Trübungsmessung

Da an die Teilchengröße, die Größenverteilung und die Dispergierbarkeit des Rußpigmentes in Polymerenschmelzen ähnliche Anforderungen gestellt werden wie an TiO_2 als Mattierungsmittel, muß sich auch an rußtrüben Dispersionen eine konzentrationsabhängige Extinktion bestimmen lassen [13]. Trübungsmessungen sind mit guter Reproduzierbarkeit und kurzer Analysendauer durchführbar. Sie erfüllen die Bedingungen, die oben an die Kontrollmethode gestellt wurden. Die Voraussetzung für die Anwendbarkeit dieser Methodik zur Rußbestimmung sind suspensionsstabile Lösungen der Polymermatrix. Für Polyäthylenterephthalat und Polycaproamid (schwarz, TiO_2-mattiert, Cd-Rot-pigmentiert) verwendeten wir die in der Polyester-Analytik bekannten Lösungsmittel m-Kresol und Phenol im Gemisch mit Tetrachloräthan. Die erst nach mehreren Stunden sichtbare Sedimentation von Pigmentteilchen läßt sich durch Umschütteln wieder beseitigen.

Da die Spektren der Pigmentsuspensionen unspezifisch verlaufen, ist eine Simultanbestimmung aus einer Lösung nicht möglich. Wir registrierten die Extinktionsspektren im durchgehenden Licht und fanden, daß sich die Extinktionen im Wellenlängenbereich von 850 bis 1000 nm für Gemische gemäß $E_{ges.} = E_{TiO_2} + E_{Ruß}$ zusammensetzen. Im Bereich von 400 bis 850 nm ist diese Additivität nicht erfüllt (Bild 1). Die Extinktionen masseäquivalenter Dispersionen von Cd-Rot, TiO_2 und Ruß verhalten sich wie 1 : 1,5 : 5.

[1]) Die Veröffentlichung der „Kurzen Mitteilungen" erfolgt unter alleiniger Verantwortung der Verfasser.

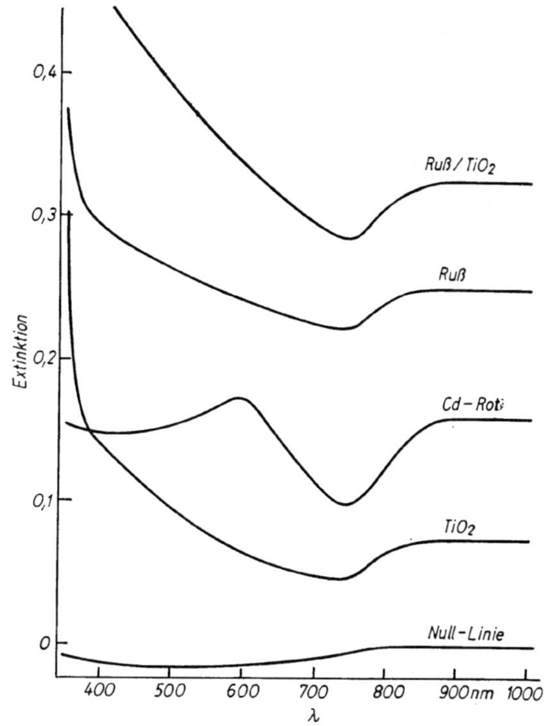

Bild 1. Die Spektren wurden an Dispersionen registriert, die 0,14 mg Ruß, 0,14 mg TiO_2 und 0,45 mg CdSe in 25 ml m-Kresol enthielten. Ausgangssubstanzen waren pigmentierte Polymere. Das „Summenspektrum" wurde an einer Dispersion registriert, die 0,14 mg Ruß und 0,14 mg TiO_2 in 25 ml m-Kresol enthielt

Dieses Verhältnis ist von der Dispersität der Pigmente abhängig. Die größte Lichtstreuung durch optisch inhomogene Lösungen tritt ein, wenn die Teilchendurchmesser der verwendeten Wellenlänge entsprechen. Spektren von Rußen unterschiedlicher Provenienz zeigen nur uncharakteristische Unterschiede. Bild 2 zeigt die Abhängigkeit der Einzelextinktionen von der Pigmentkonzentration (Eichkurven) bei 1000 nm.

Als Standards können nicht die reinen Pigmente verwendet werden, sondern Polymere mit bekanntem Pigmentgehalt. Uns standen einige Experimentalproben mit berechnetem Rußgehalt zur Verfügung. Da es keine Eichmethode für Rußstandards gibt, läßt sich TiO_2 als Eichsubstanz zugrunde legen. Massenäquivalente Dispersionen beider Pigmente zeigen ein Extinktionsverhältnis von

$$\frac{E_{\text{Ruß}}}{E_{TiO_2}} = 3{,}3.$$

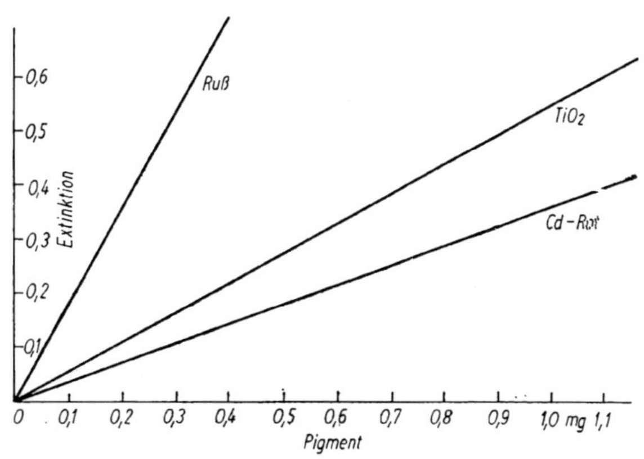

Bild 2. Eichkurven zur Bestimmung von Pigmenten. Schichtdicke: 1 cm, Wellenlänge: 1000 nm

Um den Rußgehalt neben dem Weißpigment bestimmen zu könnnen, muß eine zusätzliche spezifische TiO_2-Bestimmung [14] durchgeführt werden. Aus der Gesamtextinktion $E_{\text{ges.}}$ und dem aus der Eichkurve (Bild 2) ablesbaren Wert für E_{TiO_2} läßt sich der Rußgehalt der Probe berechnen. Neben einem gelösten Farbstoff ist eine ungestörte Trübungsmessung im durchgehenden Licht nur möglich, wenn für den Farbstoff ein optisch leerer Wellenlängenbereich existiert.

Werden unlösliche Farbpigmente neben dem Schwarz- oder Weißpigment verarbeitet, so ist wieder die Möglichkeit einer summarischen Extinktionsmessung gekoppelt mit einer spezifischen Farbpigmentbestimmung gegeben.

Durchführung der Bestimmung

30 bis 50 mg der pigmentierten Probe sind mit analytischer Genauigkeit in 25 ml m-Kresol bei ca. 120 °C und unter Magnetrührung zu lösen.

Das Lösungsmittel ist unter gleichen Bedingungen zu erwärmen. (Referenzprobe). Nach dem Abkühlen ist die Extinktion in 1-cm-Küvetten bei 1000 nm zu messen[2]). Bei ungünstigen Extinktionswerten sind die Einwaage, Verdünnung oder die Schichtdicke zu variieren.

Die Berechnung des Pigmentgehaltes ist nach folgender Beziehung vorzunehmen:

$$\text{Pigmentgehalt } [\%] = \frac{A \cdot 100}{E};$$

A = aus der Eichkurve abgelesener Wert in [mg Pigment/ 25 ml],
E = Polymereneinwaage [mg].

Wertung und Fehlerbetrachtung

Die unterschiedliche „Solvatisierung" der Pigmentteilchen durch Makromoleküle in der Schmelze oder durch organische Lösungsmittel wird keinen signifikanten Einfluß auf die Trübungsmessung haben, auch wenn es zur Chemisorption an der Teilchenoberfläche kommt. Für Ruß und TiO_2 ist auch gegenüber reduzierend wirkenden Polycaproamidschmelzen chemische Resistenz zu erwarten. Meßfehler können bei Agglomeration und Sedimentation auftreten. Bei der Kombination der Trübungsmessung mit einer spezifischen Bestimmungsmethode für eine störende Zweitkomponente (Ruß/TiO_2) sollte die Methode mit der besseren Reproduzierbarkeit und der kleineren Abweichung des Ergebnisses vom wahren Gehalt verwendet werden.

Nach einer von *R. Püschel* [15] angegebenen Klassifizierungsmöglichkeit für Meßwerte und laboranalytische Methoden lassen sich die beschriebenen Pigmentbestimmungen in die Reproduzierbarkeitsgruppe für Routineanalysen einordnen. Ein Rußgehalt von $\bar{x}_{10} = 0{,}3\%$ in PÄT läßt sich mit einer Reproduzierbarkeit von $S = \pm 0{,}01\%$ Ruß und einem Variationskoeffizienten von $V = \pm 3\%$ bestimmen.

Literatur

[1] *Bode, R.:* Ruß als Pigment für Kunststoffe. Kautschuk u. Gummi, Kunststoffe **22** (1969) 4, S. 167—174.

[2]) Die Extinktionsmessungen wurden mit einem *Beckman*-Spektrophotometer DB-G durchgeführt. Die Messungen lassen sich auch mit ungefiltertem sichtbarem Licht durchführen.

[2] *Weber, F.*: Die Lichtschutzwirkung von Pigmenten in Zellulosefasern Z. ges. Textilind. **59** (1957) 12, S. 484—486.
[3] *Nollen, K., Kaden, V.*, und *Hamann, K.*: Polymerisationsreaktionen an Adsorptionsschichten von Feststoffpulvern. Angew. makromol. Chemie **6** (1969) S. 1—23.
[4] *Kroker, R.*, und *Hamann, K.*: Polyreaktionen an Pigmentoberflächen II. Mitt. Polyreaktionen an organischen Pigmentfarbstoffen. Angew. makromol. Chemie **13** (1970) S. 1—22.
[5] *Kraus, G.*: Reinforcement of elastomers by carbon black. Advances Polymer Sci./Fortschr. Hochpolymeren-Forsch. **8** (1971) S. 155—237.
[6] *Smit, P. P. A.*, und *van der Vegt, A. K.*: Interfacial phenomena in rubber-carbon black compounds. Kautschuk u. Gummi, Kunststoffe **23** (1970) 4, S. 147—150.
[7] *Ecker, R.*: Der Einfluß verstärkender Ruße auf die visco-elastischen Eigenschaften von Elastomeren. Kautschuk u. Gummi, Kunststoffe **21** (1968) 6, S. 304—317.
[7a] *Prokovskaja, N. B., Nikitin, A. A.*, und *Majboroda, V. I.*: Elektroleitende rußgefüllte Fäden. Chim. Volokna (1972) 4, S. 58—61.
[8] *Deviney, M. L.*: Neuere Fortschritte bei der Anwendung der Radiochemie in der Kautschuk- und Ruß-Forschung. (Teil I). Kautschuk u. Gummi, Kunststoffe **25** (1972) 2, S. 51—52.
[9] *Deviney, M. L.*: Neuere Fortschritte bei der Anwendung der Radiochemie in der Kautschuk- und Rußforschung (Teil II). Kautschuk u. Gummi, Kunststoffe **25** (1972) 3, S. 92—96.
[10] *Fisjuk, L. T., Ajzenštejn, E. M.*, und *Petuchov, B. V.*: Einfluß von Ruß auf die Bildung von Nebenprodukten aus Äthylenglykol. Chim. Volokna (Chem. Fasern) (1971) 4, S. 12—14; dt. in: Sowj. Beitr. Faserforsch. Textiltechnik **8** (1971) 12, S. 630—632.
[11] *Fiorenza, A.*, und *Rizardini, L.*: Abbau- und Abtrennmethoden von Polymeren zur Rußbestimmung. Industria della Gomma **7** (1963) 4, S. 23—29.
[12] *Kurzmann, P., Tieste, A.*, und *Vehling, R.*: Vergleich pyrolytischer und naßchemischer Verfahren zur quantitativen Bestimmung von Ruß in Vulkanisaten und Kunststoffen. Kautschuk u. Gummi, Kunststoffe **23** (1970) 7, S. 322—325.
[13] *Ewert, K.-H.*, und *Dinse, H. D.*: Über die Anwendung der Trübungsmessung zur Titandioxidbestimmung in mattierten Polyäthylenterephthalatmaterialien. Faserforsch. u. Textiltechnik **23** (1972) 8, S. 349—350.
[14] *Ulrich, H. M.*: Handbuch der chemischen Untersuchung der Textilfaserstoffe. Bd. III. Wien: Springer 1962, S. 565—571.
[15] *Püschel, R.*: Zum Problem der „Genauigkeit" chemischer Analysen. Mikrochim. Acta, Wien (1968) 4, S. 783—801.

Werner Berger,
Technische Universität Dresden, Sektion Chemie

Karl-Heinz Ewert,
VEB Chemiefaserwerk,
Wilhelm-Pieck-Stadt Guben.
Abteilung Forschungslabor

Eingegangen am 2. Januar 1973

Neue Bücher

Techniques of Surface and Colloid Chemistry and Physics. Vol. 1. Hgg. von *R. J. Good, R. R. Stromberg* und *R. L. Patrick*. New York: Marcel Dekker 1972. IX, 252 S. Lwd. $ 13,75.

Vorgänge an Grenzflächen und kolloidchemische Probleme nehmen in der modernen Technologie immer breiteren Raum ein. Man braucht nur an die vielfältigen Aufgaben der Emulsions- und Suspensionstechnik, der Textilausrüstung, der Lackierungen und Schutzschichten, der Faserstoff- und Papierherstellung, des Korrosionsschutzes, der Schädlingsbekämpfung, der Wasserreinigung und -entsalzung, oder an die Fortschritte in Biologie und Medizin zu denken, ohne nicht gleich auch mit Grenzflächenproblemen konfrontiert zu werden. Es ist deshalb in den letzten Jahren eine ganze Reihe ausgezeichneter Werke erschienen, die sich mit der Grenzflächenchemie und -physik, ihren Teilgebieten oder allgemeiner mit der Kolloidchemie beschäftigen. Diese Monografien geben dem Wissenschaftler und Techniker das notwendige theoretische Fundament für seine Tätigkeit oder fassen in einer Gesamtschau den Wissensstand zusammen. Grundlage eines jeden Fortschritts ist jedoch die Beobachtung, das Experiment, ein Meßwert, die eine theoretische Deutung zulassen und Bausteine für das Gebäude der Spezialwissenschaft liefern. Wie man jedoch zu solchen Meßwerten gelangt, mit welchen Mitteln man entsprechende Experimente durchführt, was die moderne Gerätetechnik dem Experimentator zur Verfügung stellen kann, darüber findet man wenig oder nichts in den einschlägigen Monografien oder Lehrbüchern. Diesem Mangel versucht die geplante Reihe Techniques of Surface and Colloid Chemistry and Physics, dessen erster Band hier besprochen werden soll, abzuhelfen. Also ein Laboratoriumsbuch? Ja und Nein!

Der Wissenschaftler ist selten auf allen Gebieten der experimentellen Technik gleich gut beschlagen. Deshalb ist das Anliegen der Serie, eine Zusammenfassung der wichtigsten Methoden auf dem Gebiet der Grenzflächenchemie und -physik zu geben. Dabei sollen die einzelnen experimentellen Techniken so weit beschrieben werden, daß ihre Anwendung ohne weiteres ermöglicht, das ihnen zugrunde liegende Konzept bekannt, die notwendigen Geräte beschafft und der Meßvorgang erläutert werden können. Der Anwender soll dadurch in die Lage versetzt werden, Grenzen und Fehlermöglichkeiten seiner Arbeitsweise abzuschätzen und bei mehreren zur Verfügung stehenden Meßmöglichkeiten die für seine Probleme geeignetste Methode auszuwählen. In dieser Hinsicht stellt die Serie einige Anforderungen an die theoretischen Kenntnisse der Benutzer und ist kein Laboratoriumsbuch im üblichen Sinne.

Die Herausgeber der Serie, *R. J. Good, R. R. Stromberg* und *R. L. Patrick*, sind selbst durch langjährige Tätigkeit auf dem vorliegenden Wissensgebiet bekannt geworden und pflegen in ihren Arbeiten speziell die meßtechnische Seite der Kolloidchemie. Als Autoren des zu besprechenden 1. Bandes zeichnen *M. Blank, N. L. Gershfeld, R. E. Howard, C. J. van Oss* und *H. Ti Tien*. Vorgestellt werden Methoden zur Messung des Schicht-Gleichgewichts und der Auswertung von intermolekularen Energien in Monoschichten (*Gershfeld*). Die Messung der Durchlässigkeit von Monoschichten (*Blank*), die Ultrafiltration (*van Oss*), bimolekulare Lipid-Membrane (*Ti Tien* und *Howard*) und Verfahren zur Beobachtung von Konzentrationsgradienten (*van Oss*).

Die einzelnen Kapitel sind in sich abgeschlossene Arbeiten, die kurzgefaßt das theoretische Fundament wiedergeben, die Meßmöglichkeiten vorstellen, auf ungeklärte Probleme aufmerksam machen und eine gründliche Diskussion der Meßtechnik bringen. Jedem Kapitel ist ein ausführliches Literaturverzeichnis beigegeben. Die Literatur ist bis 1968 berücksichtigt worden. Ein Autoren- und ein Sachverzeichnis beschließen den Band.

Der Informationsgehalt der einzelnen Artikel ist hoch, jedoch unterschiedlich. Teilweise werden komplette Computerprogramme und Schaltpläne angeboten. In jedem Fall reichen jedoch die Mitteilungen aus, um nach ihnen detaillierte Versuchsaufbauten durchzuführen, die Meßmethoden im einzelnen kennenzulernen und eine Interpretation der Versuchsergebnisse vorzunehmen. Das Buch ist für den Kolloid- oder Grenzflächen-Chemiker bestimmt, der auf diesem Gebiet wissenschaftlich arbeitet. Dem Leser dieser Zeitschrift dürften besonders die Kapitel Ultrafiltration und Messung von Konzentrationsgradienten interessieren. *H. Schmiedeknecht*

Poliėtilenimin (Polyäthylenimin). Von *P. A. Gembickij, D. S. Žuk* und *V. A. Kargin*. Moskva: Verlag „Nauka" 1971, 204 S., Preis R 0,83.
Verantwortlicher Redakteur: Korr. Mitglied der Akad. d. Wiss. der UdSSR, Prof. Dr. habil. *N. S. Nametkin*.

Das Ziel dieser Monographie besteht darin, den auf dem Gebiet der Polymerenchemie bzw. -technik tätigen Wissenschaftlern oder Praktikern wichtigste Angaben über die Herstellung, die Grundeigenschaften und die wirtschaftliche Bedeutung vom in den letzten Jahren eine stets zunehmende Rolle spielenden Polyäthylenimin zu vermitteln. Geschildert werden die Polymerisation bzw. Copolymerisation von Äthylenimin bzw. N- oder C-substituierter Äthylenimine (wobei dem Mechanismus und der Kinetik der kationischen Polymerisation eine besondere Beachtung geschenkt wird), die Struktur und die wichtigsten Eigenschaften von Polyäthylenimin im festen Zustand und in Lösung sowie seine wichtigsten Anwendungsbereiche (Papierindustrie, Kleber, Flokulationsmittel, Ionenaustauscher, Textilhilfsmittel, Raketentreibstoffe). Der Stand der angeführten Literatur- und Patenthinweise entspricht etwa dem Jahr 1969. Eine klare, harmonische und zugleich gut durchdachte Darlegung trägt dazu bei, das Interesse des Lesers bezüglich der dort behandelten Fakten und Probleme zu stimulieren.

W. Dawydoff

Makromoleküle. Struktur — Eigenschaften — Synthesen — Stoffe. Von *Hans-Georg Elias*. Basel/Heidelberg: Hüthig & Wepf 1971. XXX, 856 S. Kunststoffeinb. DM 80,—.

Unter den deutschsprachigen Hochschul- und Weiterbildungs-Lehrbüchern auf dem Gebiete der Chemie fehlte bislang eine breit angelegte Darstellung der Makromolekularen Chemie, die Synthesen, Stoffbeschreibungen und physikalisch-chemische Gesetzmäßigkeiten von Polymersynthese und -charakterisierung enthielt. *H.-G. Elias* hat den Versuch unternommen, ein solches Buch zu schreiben. Wie er im Vorwort vermerkt, aus den Bedürfnissen und Erfahrungen des Hochschullehrers heraus, der damit ein Arbeitsmittel schaffen wollte. Für den Unterrichtenden, für Studenten und — dies scheint mir bei der großen Zahl der auf dem Gebiet der Polymerwissenschaft in Praxis und Forschung Tätigen besonders wichtig zu sein — als Weiterbildungshilfe für alle, die auf eine solche Unterrichtung oder auf gelegentliches Nachschlagen zu Fragen von Nachbargebieten nicht verzichten können.

Der Untertitel des Buches gibt bereits die Grundeinteilung an.

Der Teil „Struktur" wird mit einer kurzen historischen Übersicht eingeleitet. Vorab werden einige Begriffsbestimmungen eingeführt. Der Autor zeigt dabei eine gewisse Vorliebe für Begriffsbildungen („Mikromolekulare Chemie", „Unipolymere"), die mir unnötig erscheinen. Auch die Auffassung des Autors zu der stark einschränkenden Fassung des Begriffs „Polymeres" teile ich nicht.

Im Abschnitt „Konstitution" werden, ausgehend von Periodensystem und Bindungstheorie, die Kettenverknüpfungsarten, Homo- und Copolymere als Verknüpfungstypen vorgestellt. Konstitutive Uneinheitlichkeit, Sequenzlängen, Molmassenmittel und die Typen der Molmassenverteilungsfunktionen werden theoretisch in aller Ausführlichkeit abgehandelt. Der Abschnitt „Konfiguration" bringt eine einprägsame Darstellung der Taktizitäts-Typen und Angaben über Experimentalmethoden zur Taktizitätsanalyse. Auch in den Abschnitten „Konformation" und „Übermolekulare Struktur" werden theoretische Ableitungen zu Fragen der Konformationen von Makromolekülen in Lösung und in fester Phase verknüpft mit Angaben über Analysenmethoden und über Ergebnisse der physikalischen Strukturforschung.

Ebenso gut gelungen ist der gesamte Teil „Eigenschaften". Hierzu mag es genügen, die wesentlichsten Themen zu nennen, die in den 7 Kapiteln dieses Teiles behandelt werden. Im Kapitel „Thermodynamik der Lösungen" werden, ausgehend von Informationen über verschiedene Aspekte der statistischen Thermodynamik, Phasentrennungsphänomene ausführlich besprochen. Löslichkeitsparameter, Virialkoeffizienten und Assoziationsphänomene sind weitere Themen. Unter „Transport- und Grenzflächenphänomene" werden Diffusion, Permeation, Strömungsdoppelbrechung, Spreitung, Benetzung und Adsorption von Polymeren, Adhäsion und Klebung besprochen. Zur Bestimmung von Molmassen und Molmassenverteilungen werden alle wesentlichen Methoden beschrieben und beurteilt.

Breiten Raum nehmen thermische Umwandlungen, rheologische und mechanische Eigenschaften ein. Dies ist besonders erfreulich im Hinblick auf die Bedeutung, die diese Erscheinungen in der Polymerindustrie haben. Es folgt ein Kapitel über Ausrüstung und Verarbeitung von Kunststoffen. Hier wird in sehr gedrängter Weise ein Überblick über Polymertechnologie gegeben, wobei zur Auflockerung und Illustration der Thematik auch über Produkteigenschaften und -anwendungen und über theoretische Aspekte in einer Art inhaltlichem Telegrammstil berichtet wird. Den Teil „Eigenschaften" beschließt ein kleines, inhaltsreiches Kapitel über die so wichtigen elektrischen und über elektronische Eigenschaften von Polymeren.

Der dritte Teil des Lehrbuches, „Synthesen", behandelt entsprechend den üblichen Einteilungsprinzipien radikalische ionische, komplexkatalysierte Polymerisationen, Polykondensationen und Umsetzungen an Polymeren. Selbst der auf diesen Teilgebieten der Polymersynthese Bewanderte wird überrascht sein, wie gut hier erstmals in der deutschsprachigen Literatur stoffliche, reaktionstheoretische, thermodynamische und kinetische Fakten und Aspekte zu einer Gesamtübersicht verknüpft sind. Auf knapp 200 Seiten wird das Wesentliche unter Berücksichtigung neuester Erkenntnisse vermittelt. Besonders hervorzuheben ist das Einleitungskapitel „Grundlagen der Polyreaktionen". Zunächst werden Überlegungen zur Funktionalität der Reaktanten bei Polyreaktionen angestellt und anhand verschiedener Stoffsysteme erörtert. Es folgen Darlegungen zur Ring- und Kettenbildung und zur Copolymerisation. Nach einem auflockernden Einschub über experimentelle Verfolgung von Polyreaktionen werden Gleichgewichte Kette—Monomeres diskutiert, speziell die Gleichgewichtskonstante und sehr ausführlich auch der Einfluß der Arbeitsbedingungen sowie der Konstitutionseinfluß. Auch die Gleichgewichte Kette—Kette werden betrachtet. In den Abschnitten „Mechanismus und Kinetik" wird ein an repräsentativen Einzelbeispielen reicher erster Überblick über alle Polymerbildungsreaktionen unter mechanistischen Gesichtspunkten gegeben. Zur Stereokontrolle folgen qualitative und statistische Betrachtungen. Es folgen Kapitel über radikalische und ionische Polymerisationen, über Polyinsertion, über Copolymerisation sowie über Polykondensationen und schließlich über Reaktionen an Makromolekülen.

Etwas irreführend sind Diagramm 18-1 und die entsprechende Diskussion über die Abhängigkeit von $\overline{P}_n$ bei der Polyäthylenterephthalat-Bildung (S. 576). Hier werden Molverhältnisse bei der Herstellung des eigentlichen bifunktionellen Monomeren (Bis-β-hydroxyäthylterephthalat (BHT) aus Dimethylterephthalat und Glykol) mit einem „maximal erreichbaren $[\eta]$" in Zusammenhang gebracht; betrachtet man den Normalfall der Polykondensation von BHT, dann entfallen diese Probleme und es ergeben sich grundsätzlich bekannte Abhängigkeiten von Temperatur, Druck und Katalysatorsystem, aber auch heute noch wenig untersuchte Beziehungen zwischen Polymerisationsgrad und Schichtdicke sowie Schichtdurchmischung. Das Diagramm 18-1 aber sagt nur etwas über die relativen Geschwindigkeiten der Polymerbildungsreaktionen von Terephthalsäuremethylhydroxyalkylestern aus.

Im Abschnitt „Technische Polykondensationen" wäre es gut gewesen, die technisch bedeutsameren (fadenbildende Polyamide und Polyäthylenterephthalat) in den Mittelpunkt zu stellen.

Im IV. Teil werden „Stoffe" beschrieben. Dieser Teil beginnt mit einer kurzen Vorstellung und Diskussion anorganischer Strukturen. Bei den organischen Polymeren werden durchweg noch die Monomersynthesen kurz berührt; ich halte dies für ebenso begrüßenswert wie die zahlreichen Angaben über Anwendungen der besprochenen Polymeren und manchen historischen Hinweis. Die organischen Synthesepolymeren werden nach dem Einteilungsprinzip Kohlenstoff-Ketten-, Kohlenstoff-Sauerstoff-Ketten-, Kohlenstoff-Schwefel-Ketten-, Kohlenstoff-Stickstoff-Ketten-Polymere abgehandelt. Den Abschluß dieses Teils bilden Kapitel über Polynucleotide, über Proteine und über Cellulose.

Fachleute der Celluloseforschung, die ich zu diesem speziellen Kapitel befragte, halten es für nicht gelungen.

Unrichtig sind z. B. der 1. Abschnitt auf S. 803 über Hydratcellulosen, die Vorstellungen über die Nachreife (S. 806) und die Angaben über Hochnaßmodulfäden. Falsch sind auch die Feststellungen (S. 820) über den Mechanismus des Sulfataufschlusses von Holz. Daneben gibt es, besonders im Abschnitt über Regeneratcellulosen, eine Reihe von oberflächlichen oder zu stark vereinfachenden Aussagen.

Dem Rezensenten ist klar, wie schwierig es ist, das Gesamtgebiet der Makromolekularen Chemie in seiner Spannweite vom Stofflichen bis zur Theorie, vom Mechanismus der Laborsynthese bis zur verfahrenstechnischen Einzelheit des Produktionsprozesses konzentriert und durchgängig exakt darzustellen. Der Versuch, den *Elias* dazu unternommen hat, ist weitgehend gelungen. Dies schließt Fehler nicht aus. Sie sollten in einer nächsten Auflage, vielleicht unter Mitwirkung oder Befragung von Fachleuten der Spezialgebiete, korrigiert werden.

Dem Buch bleibt zu wünschen, daß es sich als Informationsquelle und als Lernmittel einbürgert. Dazu hat es die besten Anlagen. *G. Reinisch*

Thermal Stability of Polymers (in two Volumes). Vol. 1. Hrsg. von *Robert T. Conley*. (Monographs in Macromolecular Chemistry, beratender Herausg.: *George E. Ham*). New York/London: Marcel Dekker 1970. X, 644 S. Lwd. $ 44.50.

Die Wärmebeständigkeit eines Polymeren bestimmt bekanntermaßen wesentlich dessen Herstellungsbedingungen und Einsatzrichtungen. Die systematische Untersuchung thermisch aktivierter Abbaureaktionen ist deshalb so alt wie die technische Herstellung und Verarbeitung von Polymeren und umfaßt sowohl phänomenologische als auch mechanistische Aspekte der komplexen Umwandlungen. Nach der Formulierung entsprechender Struktur/Eigenschafts-Beziehungen finden diese Arbeiten ihre logische Fortsetzung in der Synthese temperaturstabiler Polymerer.

Wie bei kaum einer anderen Forschungsrichtung wird gerade bei den Untersuchungen zur thermischen Stabilität von Polymeren die Vergleichbarkeit der Vielzahl literaturkundiger Arbeitsergebnisse durch nichtgenannte oder nichtäquivalente Einflußgrößen (z. B. Zusatzstoffe, Materialparameter, Umwelteinflüsse u. v. a.), die die jeweiligen Meßwerte entscheidend beeinflussen können, beeinträchtigt. Kritische und wertende Zusammenfassungen werden deshalb auf diesem Gebiet besonders geschätzt.

Im vorliegenden ersten Band der Monographie werden nach einer kurzen Einführung im Abschnitt „Molekulare Struktur und Stabilitätskriterien" (*R. T. Conley*) Meßmethoden zur Beurteilung der Thermostabilität sowie Primärstrukturen mit hoher Wärmebeständigkeit diskutiert. In den nächsten drei Kapiteln werden allgemeine Probleme des thermischen und thermooxydativen Abbaus behandelt:

„Beziehung zwischen Kinetik und Mechanismus bei thermischer Depolymerisation" (*R. H. Boyd*),

„Statistische Spaltprozesse" (*A. V. Tobolsky, A. M. Kotliar* und *T. C. P. Lee*),

„Grundlegende Reaktionen in der Oxydationschemie" (*P. M. Nerling* und *A. V. Tobolsky*).

Es folgen 9 jeweils in sich geschlossene Abschnitte, in denen der thermisch aktivierte Abbau spezieller Polymerer diskutiert wird, und zwar

„Thermischer und oxydativer Abbau von Polyäthylen, Polypropylen und verwandten Polyolefinen" von *R. H. Hansen* mit Schwerpunkt bei den Thermooxydationsreaktionen;

„Thermischer und oxydativer Abbau von Naturkautschuk und verwandten Produkten" von *E. M. Bevilacqua* (Naturkautschuk, Polyisopren, Polybutadien, schwefelhaltige Vulkanisate);

„Vinyl- und Vinylidenpolymere" von *R. T. Conley* und *R. Malloy* (Abbau von Polymeren aus Methacrylsäure und Derivaten der Methacrylsäure, Polyacrylnitril., Polyvinylalkohol, Polyvinylacetat, Polyvinylchlorid und Polyvinylidenchlorid);

„Fluorkohlenstoffpolymere" von *W. W. Wright* (Abbau von Polytetrafluoräthylen und anderen fluorhaltigen Homo- und Copolymeren, fluorierten Polykondensaten sowie kernfluorierten aromatischen Polymeren);

„Thermischer und thermooxydativer Abbau von Polyamiden, Polyestern, Polyäthern und verwandten Polymeren" von *R. T. Conley* und *R. A. Gaudenia* (aliphatische und aromatische Polyamide, Polyimide, Polybenzimidazole, Polybenzimidazolone, aliphatische und aromatische Polyester und Polyäther);

„Wärmehärtbare Harze" von *R. T. Conley* (Abbau von Phenol/Formaldehyd-, Furan-, Harnstoff/Formaldehyd-, Melamin- und Epoxidharzen);

„Thermischer und thermooxydativer Abbau von Cellulosepolymeren" von *R. T. Conley*;

„Heterocyclische Polymere" von *G. P. Shulman* (Abbau von heterocyclischen Polyamiden, Polyimiden, Polybenzimidazolen, Polyimidamiden, Polyoxdiazolen);

„Abbau von anorganischen Polymeren" von *J. Economy* und *J. H. Mason*.

Es ist den einzelnen Autoren gelungen, innerhalb der behandelten Komplexe aus der Fülle der Einzelfakten einen guten Überblick über den jeweiligen Erkenntnisstand zu vermitteln, ohne dabei eine lexikalische Datensammlung anzustreben. In den Abschnitten, die den thermisch aktivierten Abbau individueller Polymerer beschreiben, lag insbesondere bei den Beiträgen aus der Feder des Herausgebers das Schwergewicht bei der Diskussion der chemischen Umsetzungen. Das durch sauberen Druck und klare Gliederung ansprechende Buch wird zweifellos von Polymerwissenschaftlern unterschiedlicher Arbeitsrichtungen mit Gewinn gelesen werden. *W. Jaeger*

Condensation Monomers. Hgg. von *J. K. Stille* und *T. W. Campbell* (High Polymers Vol. XXVII). New York/London/Sydney/Toronto: Wiley-Interscience 1972. XII, 745 S. Lwd. £ 18.50.

In 10 Kapiteln berichten 19 amerikanische Fachleute über eine Auswahl der wichtigsten bifunktionellen und einige tetrafunktionelle kondensationsfähige Substanzen. Dem präparativ arbeitenden Organiker steht für dieses Spezialgebiet mit diesem Buch eine mit dem „Beilstein" vergleichbare Enzyklopädie zur Verfügung, deren Aktualität mindestens bis 1967 reicht und die eine Reihe detaillierter präparativer Vorschriften enthält.

Alle Abschnitte sind prägnant und übersichtlich fast nach dem gleichen, im Prinzip allen Monographien der Reihe „Monomeres" in „High Polymers" gemeinsamem, Schema aufgebaut: Historische Entwicklung, Amerikanische Produktionszahlen, Chemische Reaktionen der Monomeren, Synthesemethoden (kommerzielle und Labormethoden) einschließlich Reinigung, Physikalische Eigenschaften (in Tabellenform), Analytik, Lagerung und Toxität und, soweit bekannt, Angaben zur Polymerherstellung und -applikation.

Der Band enthält: *E. H. Pryde* und *J. C. Cowan*, Aliphatische Dicarbonsäuren (145 S., 1374 Lit.); *P. T. Kan*, Aliphatische Diamine (106 S., 271 Lit.); *E. V. Hort*, Glykole und Bischlorformiate (505 S., 269 Lit.); *S. G. Cottis* und *J. Economy*, Hydroxysäuren [aliphatische und aromatische, einschließlich Lactone] (58 S., 171 Lit.); *A. A. R. Sayigh, H. Ulrich* und *W. J. Farrissey jr.*, Diisocyanate (108 S., 481 Lit.); *W. F. Brill* und *J. T. Baker*, Aromatische Disäuren [Carbon- und Sulfonsäuren], Ester und Säurechloride (72 S., 317 Lit.); *J. Preston, H. C. Bach* und *J. B. Clements*, Aromatische Diamine (40 S., 105 Lit.); *R. Barclay jr.* und *T. Sulzberg*, Bisphenole und ihre Bischlorformiate (60 S., 281 Lit.); *W. H. Sharkey*, Carbonyl- und Thiocarbonylverbindungen [monofunktionelle aliphatische Aldehyde und Ketone], (37 S., 84 Lit.); *J. K. Stille, M. E. Freeburger, W. B. Alston* und *E. L. Mainen*, Tetrafunktionelle Zwischenprodukte [Tetracarbonsäuren, -ketone, -aldehyde, -alkohole, -amine u. dgl.], (44 S., 230 Lit.). Ein ausführliches Sachverzeichnis schließt das Buch ab.

Wünschenswert für eine 2. Auflage ist ein Abschnitt über aliphatische und aromatische Aminocarbonsäuren für synthetische Polymere einschließlich der Lactame, zumal die Lactone im Zusammenhang mit den Hydroxycarbonsäuren behandelt werden. Die Aktualität der einzelnen Kapitel bewegt sich entsprechend dem Zeitpunkte ihrer Fertigstellung zwischen 1967 und 1971. Eine kurzfristige Überarbeitung vor der Drucklegung wäre sicher von Vorteil gewesen.

Dennoch bietet dieses Buch eine Fülle von Informationen und dürfte in vielen Fällen ein zeitraubendes Literatursuchen ersparen. Es sollte in keinem präparativen Polymerenlabor fehlen. Druck und Ausstattung auch des 27. Bandes dieser Reihe sind wieder vorzüglich. Über einzelne Druckfehler kann man getrost hinwegsehen. *H.-H. Ulrich*

Patentschau

Auszug aus der Lieferung 19/20/1972 der Patentschau „Faserstoffe und Textiltechnik", Ausgabe A: Faserstoffe einschl. Kunststoffe und organ. Grundsubstanzen, zusammengestellt von der Abteilung Information und Dokumentation des Instituts für Polymerenchemie der AdW der DDR, 153 Teltow-Seehof, Kantstr. 55

Die Patentschau ist nach der internationalen Patentklassifikation (IPC) gegliedert. Es bedeuten: DLP = DDR-Patent; DTP = Deutsches Bundespatent; DTA = (West-)Deutsche Auslegeschrift; DTO = (West-)Deutsche Offenlegungsschrift; OEP = Österreichisches Patent; CHP = Schweizer Patent; FRP = Französisches Patent; GBP = Britisches Patent; JAP = Japanisches Patent; POP = Polnisches Patent; SWP = Schwedisches Patent; SUP = Sowjetisches Patent; CSP = Tschechoslowakisches Patent; USP = Amerikanisches Patent; A = Anmeldedatum, O bzw. B = Tag der Ausgabe der Offenlegungs-, Auslege- bzw. Patentschrift.

Sektion B. Arbeitsverfahren

B 65. Fördern, Packen, Lagern; Handhaben dünner oder fadenförmiger Werkstoffe

B 65h. Behandeln von dünnen oder fadenförmigem Gut, z. B. Folien, Gewebe, Kabel

CHP 523839. Fadenführvorrichtung zur Erzeugung von Kreuzspulen auf Spulmaschinen. Erf.: *Emil Koller.* Inh.: Maschinenfabrik Schweiter AG, Horgen. A. 7. 7. 71. Int. Kl.: B 65h 54/28. A.-Z.: 10059/71.

CHP 523840. Fadenführvorrichtung zur Erzeugung von Kreuzspulen auf Spulmaschinen. Erf.: *Emil Koller.* Inh,: Maschinenfabrik Schweiter AG. Horgen. A. 7. 7. 71. Int. Kl.: B 65h 54/28. A.-Z.: 10060/71.

CHP 523841. Fadenverlegungsvorrichtung zur Erzeugung von Pineapple-Spulen auf einer Präzisionskreuzspulmaschine. Erf.: *Robert Gerbert,* Inh.: Maschinenfabrik Schweiter AG, Horgen. A. 30. 6. 71. Int. Kl.: B 65h 54/32. A.-Z.: 9639/71.

SUP 331022 (Urheberschein). Vorrichtung zum Abstellen von Textilmaschinen bei Füllung der Kanne mit Faserband. Erf.: *B. A. Tjukov. I. Pak, A. A. Antjušin* u. *A. L. Karalašvili.* Anm.: Naučno-issledovatel'skij eksperimental'no-konstruktorskij Institut prjadil'nych Mašin. A. 19. 2. 70, B. 7. 3. 72. Int. Kl.: B 65h 54/80. A.-Z.: 1399137/28 – 12.

DTA 2102075. Gitter-Fadenbremse, insbesondere zur Fadenberuhigung. Erf.: *Max Hilscher, Walter Wegener* u. *Günter Schuber.* Anm.: Fa. Max Hilscher, 7901 Tomerdingen. A. 16. 1. 71, B. 27. 4. 72. Kl.: 47k, 3/04, Int. Kl.: B 65h 59/20. A.-Z.: P 2102075.

Sektion C. Chemie und Metallurgie

CHEMIE

C 01. Anorganische Chemie

C 01b. Nicht-metallische Elemente, Metalloide und ihre Verbindungen, außer den unter C 01c aufgeführten

GBP 1275138. Verfahren zum Behandeln von Fasern aus Polymeren. Inh.: Rolls-Royce Ltd. A. 19. 12. 69, B. 24. 5. 72. Kl.: B5.B, Int. Kl.: D 01f 7/06, C 01b 31/07. A.-Z.: 62075/69.

C 03. Glas; Mineral- und Schlackenwolle

C 03b. Herstellung, Formgebung und Nachbehandlungsverfahren

DTO 1760836. Verfahren und Vorrichtung zum Trocknen von feuchten Fäden, insbesondere Glasfäden. Erf.: *Hans-Joachim Finken, Liselotte de Jong, Wolfang Leeker* u. *Bernhard Sturm.* Anm.: Compagnie de Saint-Gobain, Neuilly-sur-Seine (FR). A. 8. 7. 68, B. 9. 3. 72. Kl.: 32a, 37/00, Int. Kl.: C 03b 37/00. A.-Z.: P 1760836.

DTO 1796143. Verfahren und Vorrichtung zum Einordnen von durch Tropfenfall erzeugten Fäden aus Glas in eine oder mehrere aus einer Vielzahl derselben bestehenden Fadenebenen. Erf. nicht genannt. Anm.: Glaswerk Schuller GmbH, 6980 Wertheim. A. 7. 9. 68, B. 17. 2. 72. Kl.: 32a, 37/02, Int. Kl.: C 03b 27/02. A.-Z.: P 1796143. Entspr. DLP 78635, OEP 289324 u. USP 3623853.

DTO 2041321. Siliciumdioxid-Fasern und Verfahren zu ihrer Herstellung. Erf.: *Manfred Mansmann* u. *Gerhard Winter.* Anm.: Farbenfabriken Bayer AG, 5090 Leverkusen. A. 20. 8. 70, B. 24. 2. 72. Kl.: 29b, 3/15, Int. Kl.: C 03b 37/00. A.-Z.: P 2041321. Entspr. FRP 2103411.

SUP 331039 (Urheberschein). Regler zur Stabilisierung der technologischen Parameter beim Ziehen von Glasfäden aus dem Elektroofen. Erf.: *A. A. Čepurkin, N. I. Tjuškevič, V. S. Kachanovič, A. S. Kras'ko, N. G. Bakanov, N. I. Ševčenko, O. P. Šiman* u. *N. A. Ananič.* Anm.: Belorusskij Filial Energetičeskogo Instituta Im. G. M. Kržižanovskogo. A. 13. 7. 70, B. 7. 3. 72. Int. Kl.: C 03b 37/02. A.-Z.: 1459171/29 – 33.

SUP 332057 (Urheberschein). Vorrichtung zur Fadenherstellung. Erf.: *E. S. Voronin, E. R. Nigin, A. V. Vorob'ev, S. S. Borisov, Ju. M. Ševčenko, S. B. Babachanov, L. V. Popov, A. V. Kozlov, A. I. Čečik, B. M. Polik, V. V. Karpušin, A. A. Ostrovskij, B. S. Petruškov, N. A. Ivanova* u. *V. I. Zajcev.* A. 8. 7. 70, B. 14. 3. 72. Int. Kl.: C 03b 37/04. A.-Z.: 1456818/29 – 33.

SUP 334191 (Urheberschein). Vorrichtung zum Absaugen des Präparationsaerosols bei der Herstellung von Glasseide. Erf.: *R. Z. Aliev, Ch. G. Dandamaev, P. G. Romankov* u. *D. I. Ganopol'skij.* Anm.: Dagestanskij gosudarstvennyj Universitet Im. V. I. Lenina. A. 30. 3. 70, B. 30. 3. 72. Int. Kl.: C 03b 37/02. A.-Z.: 1421758/29 – 33.

USP 3652243. Verfahren und Vorrichtung zum Steuern des Durchmessers von Glasfasern. Erf.: *Thomas H. Jensen* u. *Howard M. Bennett.* Inh.: PPG Industries, Inc., Pittsburgh, Pa. A. 26. 8. 70, B. 28. 3. 72. Kl.: 65-2, Int. Kl.: C 03b 37/00. 10 Anspr. A.-Z.: 67260 (Zus. z. Pat. m. A.-Z.: 702331. A. 1. 2. 68). Entspr. DTO 1904659.

C 03c. Chemische Zusammensetzung von Gläsern, Glasuren oder Emails; Oberflächenbehandlung von Glas; Verbinden von Glas mit Glas oder anderen Stoffen

DTO 2139316. Verfahren zur Behandlung von anorganischen Fasern. Erf.: *Desmond Wilfrid John Osmond* u. *Peter George Osborn.* Anm.: Imperial Chemical Industries Ltd., London. A. 5. 8. 71, B. 24. 2. 72. Kl.: 32b, 25/02, Int. Kl.: C 03c 25/02. A.-Z.: P 2139316. Prior.: 5. 8. 70 (GB; A.-Z.: 37802 – 70).

GBP 1271500. Behandlung von Glasfaserstoffen. Inh.: Fibreglass Ltd.; *M. E. Hall* u. *D. P. Pimblett.* A. 4. 6. 69, B. 17. 4. 72. Kl.: B2.E, Int. Kl.: C 03c 25/02, B 32b 5/28, 17/04, 27/30, 27/38, C 08f 15/02. A.-Z.: 27681/68. Entspr. FRP 2011924.

USP 3652326. Schlichtkomposition und damit behandelte Glasfasern. Erf.: *John E. Ward.* Inh.: Owens-Corning Fiberglas Corp. A. 3. 4. 70, B. 28. 3. 72. Kl.: 117 – 126 GE, Int. Kl.: C 03c 25/02. 4 Anspr. A.-Z.: 25584.

USP 3655353. Glasfaserschlichte. Erf.: *Charles E. Nalley* u. *Joseph B. Lovelace.* Inh.: PPG Industries Inc., Pittsburgh, Pa. A. 21. 5. 69, B. 11. 4. 72. Kl.: 65-3, Int. Kl.: C 03c 25/02, B 44d 1/16. 9 Anspr. A.-Z.: 826715. Entspr. DTO 2024477 u. FRP 2044805.

C 07. Organische Chemie

C 07c. Acyclische und carbocyclische Verbindungen

DTO 1643631. Verfahren zur Behandlung von Phthalsäure. Erf.: *Christof Palm, Arnold Wittwer* u. *Hans Nienburg.* Anm.: Badische Anilin- & Soda-Fabrik AG, 6700 Ludwigshafen (DT). A. 19. 7. 67, B. 24. 2. 72. Kl.: 12o, 14, Int. Kl.: C 07c 63/14. A.-Z.: P 1643631. Entspr. FRP 1573692.

FRP 2106639 (B). Verfahren zur Herstellung der Alkalisalze von p-Hydroxybenzoesäureestern. Inh.: Kabushiki Ueno Seiyaku Oyo Kenkyujo. A. 18. 9. 70, B. 9. 6. 72. Int. Kl.: C 07c 69/00. A.-Z.: 7033915.

USP 3655729. Verfahren zur Herstellung von Terephthalsäureestern. Erf.: *Verne R. Rinehart.* Inh.: The General Tire & Rubber Co., Akron, Ohio. A. 18. 7. 68, B. 11. 4. 72. Kl.: 260-475P, Int. Kl.: C 07c 69/82. 2 Anspr. A.-Z.: 745677. Entspr. DTO 1817063, CHP 503060, FRP 2014635 u. GBP 1261529.

USP 3655732. Heteroatome enthaltende fluorierte Acrylmonomere und deren Polymere. Erf.: *Christian Scriver Rondestvedt jr.* Inh.: E. I. du Pont de Nemours and Co., Wilmington, Del. A. 16. 5. 67, B. 11. 4. 72. Kl.: 260-486H, Int. Kl.: C 07c 69/54. 3 Anspr. A.-Z.: 638721.

GBP 1275831. Amino- und Acylaminobenzoesäureester und ihre Verwendung als UV-Licht absorbierende Verbindungen. Inh.: Koninklijke Industrieele Maatschappij Noury & van der Lande N. V. A. 9. 6. 70, B. 24. 5. 72. Kl.: C2.C, Int. Kl.: C 07c 101/52, 103/46, 143/78, 147/06. A.-Z.: 27900/70. Prior.: 24. 7. 69 (NL; A.-Z.: 6911367). Entspr. FRP 2055392.

C 07d. Heterocyclische Verbindungen

FRP 2106658 (B). Verfahren für die selektive Herstellung von Laurinlactam. Erf.: *Shigenari Suzuki, Takeo Kawaguchi* u. *Takashi Matsubara.* Inh.: Toagosei Chemical Industry Co., Ltd. A. 18. 9. 70, B. 9. 6. 72. Int. Kl.: C 07d 41/00. A.-Z.: 7034029.

JAP 7131543. Katalysator zur Herstellung von ε-Caprolactam. Erf.: *Isamu Fujita* u. *Kiyoshi Otoi.* Inh.: Kanegafuchi Spinning Co. Ltd. A. 26. 9. 68, B. 13. 9. 71. Int. Kl.: C 07d 41/00, B 01j 11/00.

SUP 332087 (Urheberschein). Verfahren zur Herstellung von Caprolactam. Erf.: *P. I. Ageev, T. G. Čeremisinova, B. G. Ovčarenko, F. G. Kokoulin, B. I. Lur'e, B. A. Valovoj, A. N. Klimenko, I. K. Vajdzirdis* u. *V. F. Veselov.* A. 13. 2. 67, B. 14. 3. 72. Int. Kl.: C 07d 41/06. A.-Z.: 1132967/23 – 4.

C 08. Makromolekulare Verbindungen; ihre Herstellung und chemische Verarbeitung; auf diesen Verbindungen beruhende Gemische

C 08b. Polysaccharide und deren Derivate

SUP 337385 (Urheberschein). Verfahren zur Herstellung von Celluloseestern. Erf.: *N. V. Kija-Oglu, G. P. Barykin, L. V. Gurkovskaja, V. V. Pomogaev, V. E. Sabinin* u. *O. P. Varfolomeeva.* A. 3. 10. 69, B. 5. 5. 72. Int. Kl.: C 08b 3/06. A.-Z.: 1369770/23 – 4.

C 08d. Synthesekautschuk

JAP 7112901. Adhäsion synthetischer Faserstoffe an Kautschuk. Erf.: *Takeo Shima, Akiharu Asami, Seiichi Yamashiro* u. *Shunzo Ishizaki.* Inh.: Teijin Ltd. A. 26. 5. 67, B. 2. 4. 71. Int. Kl.: C 08d, D 06m.

C 08f. Polymerisationsprodukte

DTO 1770664. Verfahren zum kontinuierlichen Polymerisieren in Masse von monomeren Vinylverbindungen. Erf.: *Teo Paleologo* u. *Ugo Nistri.* Anm.: Societa Italiana Resine S.p.A., Turin (IT). A. 20. 6. 68, B. 2. 3. 72. Kl.: 39b4, 1/04, Int. Kl.: C 08f 1/04. A.-Z.: P 1770664. Prior.: 21. 6. 67 (IT; A.-Z.: 17465 A/67). Entspr. FRP 1547171.

DTO 2139627. Verfahren zur Masse- oder Lösungspolymerisation äthylenisch ungesättigter Monomerer. Erf.: *Luigi Patron* u. *Luciano Console.* Anm.: Chatillon Soc. An. Italiana per le Fibre Tessili Artificiali S.p.A., Mailand (IT). A. 7. 8. 71, B. 17. 2. 72. Kl.: 39b4, 1/08, Int. Kl.: C 08f 1/08. A.-Z.: P 2139627. Prior.: 10. 8. 70 (IT; A.-Z.: 28465 A/70). Entspr. FRP 2104090.

GBP 1275641. Katalysatoren für die Polymerisation und Copolymerisation von Olefinen. Inh.: Solvay & Cie. A. 6. 1. 69, B. 24. 5. 72. Kl.: C3.P, Int. Kl.: C 08f 1/28, 3/02. A.-Z.: 706/69. Entspr. DLP 82560, DTO 2000566, OEP 295135 u. FRP 2027788.

GBP 1275722. Polymerisation von Vinylverbindungen und die resultierenden Polymeren. Inh.: Shell Internationale Research Maatschappij N. V. A. 18. 7. 68, B. 24. 5. 72. Kl.: C3.P, Int. Kl.: C 08f 1/11. A.-Z.: 34259/68.

GBP 1275723. Polymerisation von α-Olefinen. Inh.: International Synthetic Rubber Co. Ltd. A. 1. 8. 68, B. 24. 5. 72. Kl.: C3.P, Int. Kl.: C 08f 1/56. A.-Z.: 36808/68. Entspr. FRP 2014865.

JAP 7130689. Katalysatoren zur Polymerisation von Äthylen. Erf.: *Itsuho Aijima, Hisaya Sakurai, Yukichi Koji* u. *Hideo Morita.* Inh.: Asahi Chemical Industry Co. Ltd. A. 9. 4. 68, B. 6. 9. 71. Int. Kl.: C 08f.

JAP 7134972. Vorrichtung zur Abtrennung von polymerem Feststoff aus der Lösung. Erf.: *Akira Matsuura, Takuji Shinpo, Motohisa Aoaki, Katsumi Kojima* u. *Hidekatsu Tanabe.* Inh.: Mitsubishi Chemical Industries Co. Ltd. A. 5. 8. 68, B. 13. 10. 71. Int. Kl.: C 08f, B 01d.

JAP 7134978. Katalysatoren zur Polymerisation von Olefinen. Erf.: *Isamu Yamazaki, Yoichi Tooyama, Kiwamu Hirota* u. *Ichiro Hagino.* Inh.: Showa Denko K. K. A. 19. 9. 68, B. 13. 10. 71. Int. Kl.: C 08f, B 01j.

USP 3652707. Verfahren zum Polymerisieren von Olefinen. Erf.: *George S. Saines.* Inh.: Texaco Inc., New York, N. Y. A. 16. 9. 69, B. 28. 3. 72. Kl.: 260-683,15B, Int. Kl.: C 07c 3/18. 10 Anspr. A.-Z.: 858520.

USP 3655828. Verfahren zur Herstellung einer Polymerkomposition mit verbesserter Farbe und Glanz. Erf.: *George L. Rushton*. Inh.: Cities Service Co., New York, N. Y. A. 1. 6. 70, B. 11. 4. 72. Kl.: 260-880 R, Int. Kl.: C 08f 1/13, 15/04. 6 Anspr. A.-Z.: 42567.

DTO 1595772. Verfahren zur Herstellung von Polyäthylen in röhrenförmigen Reaktoren. Erf. nicht genannt. Anm.: *Franz Josef Gattys*, Ingenieurbüro f. Chem. Maschinen- u. Apparatebau, 6000 Frankfurt (DT). A. 13. 10. 66, B. 2. 3. 72. Kl.: 39b4, 3/04, Int. Kl.: C 08f 3/04. A.-Z.: P 1595772.

DTO 1745421. Verfahren zur Polymerisation und Mischpolymerisation von Olefinen. Erf.: *Andre Delbouille* u. *Jean-Louis Deroitte*. Anm.: Solvay & Cie., Brüssel (BE). A. 2. 11. 67, B. 16. 3. 72. Kl. 39b4, 3/02, Int. Kl.: C 08f 3/02. A. Z.: P 1745421. Prior.: 22. 11. 66 (BE; A.-Z.: 36143). Entspr. FRP 1545035.

DTO 2045491. Verfahren zur Herstellung von Polymerisaten und Copolymerisaten des Vinylchlorids mit erniedrigtem Molekulargewicht. Erf.: *Herbert Klinkenberg* u. *Klaus Schrage*. Anm.: Dynamit Nobel AG, 5210 Troisdorf (DT). A. 15. 9. 70, B. 16. 3. 72. Kl.: 39b4, 3/30, Int. Kl.: C 08f 3/30. A.-Z.: P 2045491.

DTA 1595436. Verfahren zur Herstellung von Äthylenpolymerisaten. Erf.: *Hermann Winter, Oswald Wolff, Kurt Pfeiffer* u. *Hanns Strache*. Anm.: Chemische Werke Hüls AG, 4370 Marl. A. 4. 8. 66, B. 27. 4. 72. Kl.: 39b4, 3/06, Int. Kl.: C 08f 3/06. A.-Z.: P 1595436.

DTA 1770113. Verfahren zur Polymerisation von Vinylchlorid in wäßriger Suspension. Erf.: *Johann Bauer* u. *Kurt Fendel*. Anm.: Wacker-Chemie GmbH, 8000 München. A. 2. 4. 68, B. 25. 5. 72. Kl.: 39b4, 3/30, Int. Kl.: C 08f 3/30. A.-Z.: P 1770113. Entspr. DLP 72907, OEP 293725, FRP 2005358 u. GBP 1224693.

DTA 1770730. Verfahren zur Polymerisation von Äthylen. Erf.: *Bernd Diedrich, Karl Diether Keil* u. *Kurt Rust*. Anm.: Farbwerke Hoechst AG vorm. Meister Lucius & Brüning, 6000 Frankfurt. A. 27. 6. 68, B. 25. 5. 72. Kl.: 39b4, 3/06, Int. Kl.: C 08f 3/06. A.-Z.: P 1770730. Entspr. DLP 78658, CHP 518321 u. GBP 1265070.

GBP 1275372 (Zus. z. Pat. 1194260). Verfahren zum Polymerisieren von Vinylchlorid. Inh.: Chatillon. A. 26. 2. 70, B. 24. 5. 72. Kl.: C3.P, Int. Kl.: C 08f 1/04, 1/60, 3/30. A.-Z.: 9433/70. Prior.: 28. 2. 69 (IT; A.-Z.: 13473). Entspr. DTO 2009136 u. FRP 2035714.

GBP 1276380 (Zus. z. Pat. 1194260). Polymerisation von Vinylchlorid. Inh.: Chatillon. A. 12. 12. 69, B. 1. 6. 72. Kl.: C3.P, Int. Kl.: C 08f 1/50, 3/30. A.-Z.: 60814/69. Prior.: 16. 12. 68 (IT; A.-Z.: 25161). Entspr. DTO 1962638, OEP 293020, FRP 2026225 u. USP 3635925.

JAP 7134612. Polymerisation von Olefinen in homogener Lösung unter erhöhter Temperatur. Erf.: *Isamu Yamazaki, Yoichi Toyama* u. *Ichiro Ogino*. Inh.: Showa Denko K. K. A. 25. 3. 68, B. 11. 10. 71. Int. Kl.: C 08f, B 01j.

SUP 334710 (Urheberschein). Verfahren zur Herstellung von Homo- und Copolymeren des Vinylchlorids. Erf.: *Marc Karrega*. Anm.: Produits Chimiques Pechiney-Saint-Gobain (FR). A. 20. 3. 69, B. 30. 3. 72. Int. Kl.: C 08f 3/30, 15/02. A.-Z.: 1313335/23 – 5.

SUP 338528 (Urheberschein). Verfahren zur Herstellung eines thermoplastischen Polyvinylalkohols. Erf.: *M. E. Rozenberg, P. A. Medvedeva, T. A. Aleksandrova, T. V. Knjazeva, N. I. Tjažlo, N. T. Manekina* u. *Z. I. Sklema*. A. 3. 9. 70, B. 15. 5. 72. Int. Kl.: C 08f 3/34. A.-Z.: 1476696/23 – 5.

USP 3652522. Verfahren zum Polymerisieren von Vinylchlorid. Erf.: *Sergio Lo Monaco, Corrado Mazzolini, Luigi Patron* u. *Alberto Moretti*. Inh.: Chatillon Soc. An. Italiana per le Fibre Tessili Artificiali S.p.A., Mailand (IT). A. 16. 12. 68, B. 28. 3. 72. Kl.: 260-87,5R, Int. Kl.: C 08f 1/62, 1/04, 3/30. 16 Anspr. A.-Z.: 784191. Prior.: 19. 12. 67 (IT; A.-Z.: 24081/67). Entspr. DTO 1815142, OEP 286627, CHP 498164 u. FRP 1596886.

SUP 339553 (Urheberschein). Verfahren zur Herstellung von Polymeren mit Kohlenstoffhauptkette und mit heterocyclische Gruppen enthaltenden Seitenketten. Erf.: *V. V. Kalmykov, B. I. Michant'ev, S. V. Koroleva* u. *V. A. Ivanov*. A. 4. 7. 70, B. 24. 5. 72. Int. Kl.: C 08f 7/12. A.-Z.: 1455159/23 – 5.

JAP 7129493. Vinylchlorid/Vinylidenchlorid-Copolymeres. Erf.: *Yasushi Toyoda, Kunizo Kifuji* u. *Hidetora Kashio*. Inh.: Kureha Chemical Industry Co. Ltd. A. 28. 12. 68, B. 27. 8. 71. Int. Kl.: C 08f.

SUP 332100 (Urheberschein). Verfahren zur Herstellung von Copolymeren. Erf.: *S. R. Rafikov, B. A. Žubanov* u. *T. Ja. Smirnova*. Anm.: Institut chemičeskich Nauk AN Kazachskoj SSR. A. 19. 1. 70, B. 14. 3. 72. Int. Kl.: C 08f 15/02. A.-Z.: 1395910/23 – 5.

USP 3652515. Ein neues Verfahren, wonach Monomere und als Verdünnungsmittel dienendes Lösungsmittel aus der abdestillierten Fraktion bei der Polymerisation von Äthylen, einem höheren α-Olefin (3 bis 10 C-Atome) und, wahlweise eines dritten Monomeren zurückgewonnen werden. Erf.: *James H. Love*. Inh.: Esso Research and Engineering Co. A 8. 12. 69, B. 28. 3. 72. Kl.: 260-80,78, Int. Kl.: C 08f 15/40, 15/04. 12 Anspr. A.-Z.: 883042. Entspr. DTO 2059981 u. FRP 2073011.

GBP 1271246. Blockcopolymere. Inh.: Idemitsu Kosan Co. Ltd. A. 14. 7. 69, B. 19. 4. 72. Kl.: C3.P, Int. Kl.: C 08f 23/00. A.-Z.: 35282. Prior.: 16. 7. 68 (JA; A.-Z.: 49668). Entspr. FRP 2013030.

GBP 1277662. Pfropfpolymere. Inh. Denki Onkyo Co. Ltd. A. 25. 5. 69, B. 14. 6. 72. Kl.: C3.P, Int. Kl.: C 08f 27/00. A.-Z.: 24889/69. Prior.: 25. 5. 68 (JA; A.-Z.: 35325). Vgl. auch GBP 1277663. Entspr. DTO 1923804.

SUP 332102 (Urheberschein). Verfahren zur chemischen Modifizierung von Polyvinylalkohol und Erzeugnissen auf seiner Basis. Erf.: *I. Ja. Kalontarov, N. A. El'manova, I. A. Gluchov* u. *G. I. Konovalova*. Anm.: Institut Chimii AN Tadžikskoj SSR. A. 29. 6. 70, B. 14. 3. 72. Int. Kl.: C 08f 27/04, 27/06. A.-Z.: 1456493/23 – 5.

JAP 7100656. Acrylnitrilpfropfcopolymere. Erf.: *Akira Yamamoto* u. *Masamichi Ohtsuka*. Inh.: Toyo Spinning Co. Ltd. A. 15. 4. 66, B. 8. 1. 71. Int. Kl.: C 08f, D 01f.

USP 3655834. Herabsetzung der relativen Molekülmasse von hochmolekularem Polyäthylen in pulverförmigem Zustand. Erf.: *Karl Wisseroth* u. *Richard Scholl*. Inh.: Badische Anilin- & Soda-Fabrik AG, Ludwigshafen/Rh. (DT). A. 13. 11. 69, B. 11. 4. 72. Kl.: 260-94,9 GC, Int. Kl.: C 08f 3/06, 27/22, 27/26. 5 Anspr. A.-Z.: 876332.

DTO 1769488. Pigmentzubereitungen. Erf.: *Horst Belde, Ewald Daubach* u. *Enno Lübke*. Anm.: Badische Anilin- & Soda-Fabrik AG, 6700 Ludwigshafen (DT). A. 30. 5. 68, B. 16. 3. 72. Kl.: 39b4, 29/02, Int. Kl.: C 08f 29/02. A.-Z.: P 1769488. Entspr. GBP 1220795.

DTA 1947128. Verwendung von (4-Hydroxy-3,5-dialkylbenzyl)-tetracarbonsäure-estern zum Stabilisieren von Polyolefinen und Styrol-Copolymer saten. Erf.: *Heinz Eggersperger, Rudolf Maul* u. *Karl-Heinz Diehl*. Anm.: Deutsche Advance Produktion GmbH, 6141 Lautern. A. 18. 9. 69, B. 25. 5. 72. Kl.: 39b4, 29/00, Int. Kl.: C 08f 29/00. A.-Z.: P 1947128. Entspr. FRP 2061458.

GBP 1269445. Gegenstände aus Hochpolymeren. Inh.: Montecatini Edison S.p.A. A. 14. 7. 70, B. 6. 4. 72. Kl.: C3.P, Int. Kl.: C 08f 29/10, C 08g 41/04, 20/02. A.-Z.: 34019/70. Prior.: 16. 7. 69 (IT; A.-Z.: 19687). Entspr. DTO 2035094 u. FRP 2051778.

GBP 1277982. Gegenstände aus Hochpolymeren. Inh. Montecatini Edison S.p.A. A. 24. 2. 70, B. 14. 6. 72. Kl.: C3.P, Int. Kl.: C 08f 29/02. A.-Z. 8757/70. Prior. 26. 2. 69 (IT; A.-Z. 13333). Entspr. DTO 2008273 u. FRP 2033038.

DTO 1719534. Verfahren zur Herstellung von Tetrafluoräthylencopolymeren. Erf. *Yutaka Kometani* u. *Tatsushiro Yoshimura*. Anm. Daikin Kogyo K. K., Osaka (JA). A. 8. 9. 65, B. 16. 3. 72. Kl. 39b4, 29/16, Int. Kl. C 08f 29/16. A.-Z. P 1719534. Prior. 11. 9. 64 (JA; A.-Z.: 51981/64). Entspr. FRP 1446739 u. GBP 1064535.

C 08g. Polykondensations- und Polyadditionsprodukte

DTO 1645304. Verfahren zur Herstellung von makromolekularen Polyoxymethylenen. Erf.: *Kenichi Fukui, Tsutomu Kagiya, Hisao Yokota, Masatsune Kondo, Yozo Ohtsuka, Minoru Shuto, Yahiko Toriuchi* u. *Shunji Matsumi*. Anm. Sumitomo Atomic Energy Industries Ltd.; u. Sumitomo Chemical Co. Ltd., Osaka (JA). A. 15. 11. 65, B. 16. 3. 72. Kl.: 39b5, 1/02, Int. Kl.: C 08g 1/02. A.-Z. P 1645304. Prior. 14. 11. 64, 27. 11. 64, 16. 3. 65, 14. 4. 65 (JA; A.-Z. 64424, 66750, 15254, 22030, A.-Z.: 64424, JAP 11385/69, S. 923/69, A.-Z. 66750, JAP 7023949, S. 166/71). A.-Z. 64424, 15254, 22030 entspr. FRP 1473908 u. GBP 1103258, A.-Z. 66750 entspr. USP 3446776.

DTO 1768951. Verfahren zur Herstellung von Paraformaldehyd. Erf.: *Teo Paleologo* u. *Jacob Ackermann*. Anm. Societa Italiana Resine S.p.A., Mailand (IT). A. 17. 7. 68, B. 16. 3. 72. Kl.: 39b5, 1/02, Int. Kl.: C 08g 1/02. A.-Z.: P 1768951. Prior. 17. 7. 67 (IT; A.-Z.: 18473 A-67). Entspr. FRP 1553161.

DTO 1745397. Verfahren zum Polymerisieren von β-Lactonen. Erf.: *Josephus Hubertus van Deursen* u. *Arie Klootwijk*. Anm.: Shell Internationale Research Maatschappij N. V., Den Haag (NL). A. 21. 6. 67, B. 9. 3. 72. Kl. 39b5, 17/017, Int. Kl. C 08g 17/017. A.-Z.: P 1745397. Prior. 23. 6. 66 (NL; A.-Z. 6608706). Entspr. CHP 476782, FRP 1528350, GBP 1164186, SWP 330609 u. USP 3471456.

DTO 1770410. Verfahren zur Erhöhung des Molekulargewichts von Polyester. Erf. *Rudolf Eismann, Friedrich Jaeger, Hans-Martin Koepp* u. *Fritz Wiloth*. Anm. Glanzstoff AG, 5600 Wuppertal (DT). A. 14. 5. 68, B. 9. 3. 72. Kl. 39b5, 17/003, Int. Kl. C 08g 17/003. A.-Z. P 1770410. Entspr. CHP 521411, FRP 2008523 u. GBP 1262941.

DTO 2014818. Verfahren und Vorrichtung zur kontinuierlichen Herstellung von Polyesterkunststoffen. Erf.: *Francois Terrier*. Anm.: Vickers-Zimmer AG Planung und Bau von Industrieanlagen, 6000 Frankfurt (DT). A. 26. 3. 70, B. 17. 2. 72. Kl. 39b5, 17/01. Int. Kl.: C 08g 17/01. A.-Z.: P 2014818. Entspr. FRP 2083596.

SUP 339557 (Urheberschein). Verfahren zur Herstellung von Polyestern. Erf.: *E. M. Bljachman*. A. 17. 12. 68, B. 24. 5. 72. Int. Kl.: C 08g 17/07, 17/06. A.-Z.: 1290229/23-5 (unter Einbeziehung d. Anm. m. A.-Z.: 1371547/23-5).

USP 3655626. (Inter)polycarbonate aus 9,10-bis-(Hydroxymethyl)-sym.-octahydroanthracen-bis-(alkyl- oder -arylcarbonaten). Erf. *Marjan Kolobielski*. Inh. United States Steel Corp. A. 2. 10. 68, B. 11. 4. 72. Kl.: 260-77,5, Int. Kl.: C 08g 17/13. 5 Anspr. A.-Z.: 764637.

DTO 2043437. Verfahren zur Herstellung und Verwendung von linearen Polymeren. Erf. *Dietrich Wille*. Anm.: Cella Lackfabriken Dr. C. Schleusner GmbH, 6200 Wiesbaden (DT). A. 2. 9. 70, B. 16. 3. 72. Kl.: 39b5, 20/32, Int. Kl.: C 08g 20/32. A.-Z.: P 2043437.

GBP 1275898. Verfahren zur chemischen Modifizierung eines Polyesters. Inh.: Akzo N. V. A. 8. 12. 70, B. 24. 5. 72. Kl.: C3.R, Int. Kl.: C 08g 20/30, 20/32, D 01f 7/04. A.-Z.: 58203/70. Prior.: 24. 1. 70 (NL; A.-Z.: 7001022). Entspr. DTO 2102798 u. FRP 2077307.

JAP 7137731. Polyamidsäuresulfide. Erf.: *Tomohiko Asahara* u. *Naoya Yoda*. Inh.: Toray Industries, Inc. A. 6. 8. 68, B. 6. 11. 71. Int. Kl.: C 08g, C 07c.

SUP 339558 (Urheberschein). Verfahren zur Herstellung von Polybenzimidazopyrrolonen. Erf.: *V. V. Koršak, A. L. Rusanov* u. *R. D. Kacarava*. Anm.: Institut elementoorganičeskich Soedinenij AN SSSR. A. 4. 5. 70, B. 24. 5. 72. Int. Kl.: C 08g 20/32. A.-Z.: 1435100/23 – 5.

GBP 1268380 (Zus. z. Pat. 1154159). Herstellung synthetischer Elastomerer Inh.: Imperial Chemical Industries Ltd. A. 13. 6. 69, B. 29. 3. 72. Kl.: C3.R, Int. Kl.: C 08g 22/06. A.-Z.: 29692/68. Entspr. DTO 1931808 u. FRP 2011450.

GBP 1268754. Polyurethankompositionen. Inh.: Dunlop Holdings Ltd. A. 20. 5. 69, B. 29. 3. 72. Kl.: C3.R, Int. Kl.: C 08g 22/04, 22/44. A.-Z.: 24074/68. Entspr. DTO 1925682.

GBP 1269642 (Zus. z. Pat. 1075039). Herstellung von Isocyanatreaktionsprodukten. Inh.: Imperial Chemical Industries Ltd. A. 20. 6. 69, B. 6. 4. 72. Kl.: F1.F, Int. Kl.: C 07c 125/06, C 08g 22/16. A.-Z.: 32488/68. Entspr. DTO 1934643 u. FRP 2014534.

USP 3652507. Katalytische Kondensation von cyclischen Nitrilcarbonaten. Erf.: *Emmett H. Burk jr., Helmuth W. Kutta* u. *Larry G. Wolgemuth*. Inh.: Atlantic Richfield Co., New York, N. Y. A. 3. 12. 68, B. 28. 3. 72. Kl.: 260-77,5 AB, Int. Kl.: C 08g 22/00, 22/04, 22/34. 33 Anspr. A.-Z.: 780878. Entspr. DTO 1959203 u. FRP 2025122.

USP 3655623 (ausgesch. aus Pat. 3542839. A. 30. 12. 66. A.-Z.: 605967). Segmentpolyurethane aus 2,5-Diisopropyl-p-xylol-diisocyant. Erf.: *Elmore L. Martin*. Inh.: E. I. du Pont de Nemours and Co., Wilmington, Del. A. 16. 6. 70, B. 11. 4. 72. Kl.: 260-77,5 AT, Int. Kl.: C 08g 22/22. 10 Anspr. A.-Z.: 46816. A.-Z.: 605967 entspr. GBP 1174320.

JAP 7135375. Katalysatoren zur Polymerisation cyclischer Äther. Erf.: *Takeo Mieda* u. *Hirosuke Imai*. Inh.: Japan Oil Co. Ltd. A. 28. 6. 65, B. 16. 10. 71. Int. Kl.: C 08g, B 01j.

USP 3655633. Verfahren zur Silylierung organischer Vinylpolymerer. Erf.: *John C. Saam*. Inh.: Dow Corning Corp., Midland, Mich. A. 25. 8. 70, B. 11. 4. 72. Kl.: 260-79, Int. Kl.: C 08g 23/00. 10 Anspr. A.-Z.: 66894.

GBP 1275732. Herstellung von Copolymer-Materialien. Inh.: National Research Development Corp. A. 10. 5. 68, B. 24. 5. 72. Kl.: C3.R, Int. Kl.: C 08g 33/00. A.-Z.: 22264/68. Entspr. FRP 2008269.

DTO 1694005. Polyoxymethylencopolymerisate mit verbesserten Eigenschaften. Erf.: *Dieter Gerlach* u. *Erich Bäder*. Anm.: Deutsche Gold- und Silber-Scheideanstalt vorm. Roessler, 6000 Frankfurt (DT). A. 27. 1. 68, B. 9. 3. 72. Kl.: 39b5, 37/02, Int. Kl.: C 08g 37/02. A.-Z.: P 1694005. Entspr. FRP 2000852 u. GBP 1240040.

DTO 1694197. Thermoplastische Formmassen aus Polyestern. Erf.: *Ludwig Brinkmann* u. *Walter Herwig*. Anm.: Farbwerke Hoechst AG vorm. Meister Lucius & Brüning, 6000 Frankfurt (DT). A. 7. 10. 67, B. 2. 3. 72. Kl.: 39b5, 39/02, Int. Kl.: C 08g 39/02. A.-Z.: P 1694197. Entspr. CHP 507998 u. FRP 1584907.

DTO 2040660. Verfahren zur Herstellung flammwidriger Polyurethane. Erf.: *Hans Eberhard Praetzel* u. *Herbert Jenkner*. Anm.: Chemische Fabrik Kalk GmbH, 5000 Köln-Kalk. A. 17. 8. 70, B. 24. 2. 72. Kl.: 39b5, 41/00, Int. Kl.: C 08g 41/00. A.-Z.: P 2040660.

GBP 1275177. Hitzebeständige Polymere und Verfahren zu deren Herstellung. Inh.: Labofina S. A. A. 28. 5. 70, B. 24. 5. 72. Kl.: C3.R, Int. Kl.: C 08g 33/02. A.-Z.: 25802/70. Entspr. DTO 2059239, CHP 522005 u. FRP 2072502.

GBP 1276007. Polyamide. Inh.: Imperial Chemical Industries Ltd. A. 15. 4. 69, B. 1. 6. 72. Kl.: C3.R, Int. Kl.: C 08g 41/02, 51/54. A.-Z.: 19156/69. Entspr. DTO 2017896 u. FRP 2043316.

CHP 524660. Verfahren zum Färben von synthetischen linearen Polyamiden in der Spinnmasse. Erf.: *Arthur Bühler* u. *Felix Steinlin*. Inh.: Ciba-Geigy AG, Basel. A. 29. 4. 69, Int. Kl.: C 08g 53/04. A.-Z.: 6560/69. Entspr. DLP 81928, DTO 2018689, FRP 2040360 u. GBP 1256669.

GBP 1275353. Hitzebeständige Polymere und Verfahren zu deren Herstellung. Inh.: Labofina S. A. A. 27. 5. 70, B. 24. 5. 72. Kl.: C3.R, Int. Kl.: C 08g 33/02. A.-Z.: 25538/70. Entspr. CHP 518331 u. FRP 2077078.

Sektion D. Textilien und Papier

TEXTILIEN

D 01. Natürliche und künstliche Fäden und Fasern; Spinnen

D 01b. Mechanische Behandlung von natürlichen faserigen oder fadenförmigen Stoffen zur Gewinnung von Fasern oder Fäden, z. B. zum Verspinnen

SUP 331125 (Urheberschein). Vorrichtung zum Übereinanderschichten von nassen Flachsstroh. Erf.: *A. G. Taranenko*. A. 2. 2. 70, B. 7. 3. 72. Int. Kl.: D 01b 1/32. A.-Z.: 1399245/28–12.

D 01d. Mechanische Verfahren und Vorrichtungen für die Herstellung von künstlichen Fäden, Gespinsten, Fasern, Borsten oder Bändern

DTO 1760366. Vorrichtung zur Bestimmung von Fadentiterabweichungen. Erf.: *William Thomas Windley*. Anm.: E. I. du Pont de Nemours and Co., Wilmington, Del. (US). A. 8. 5. 68, B. 2. 3. 72. Kl.: 29a, 6/11, Int. Kl.: D 01d 1/08. A.-Z.: P 1760366. Prior.: 8. 5. 67, 26. 5. 67 (US; A.-Z.: 636982, 641598, A.-Z.: 641598, USP 3619433, A.-Z.: 636982 entspr. CHP 463229.

DLP 90840. Verfahren zum Verspinnen von synthetischen linearen hochpolymeren Schmelzen zu profilierten Filamenten mit vier Hohlräumen Erf. u. Inh.: *Werner Lochelfeld, Dieter Kuprat, Berd Hänsel, Ulf Hochtritt, Frank Riedel* u. *Hartmut Schütze*. A. 26. 7. 71, B. 20. 6. 72. Kl.: 29a, 6/31, Int. Kl.: D 01d 5/10. A.-Z.: WP D 01d/156708.

DTO 1760933. Verfahren zur Herstellung von Fäden und Fasern aus Poly-β-amiden mit verbesserten textilen Eigenschaften, insbesondere mit verbesserter Färbbarkeit. Erf.: *Ernst Höroldt, Wilhelm Happe* u. *Gerhard Lukascyk*. Anm.: Farbwerke Hoechst AG vorm. Meister Lucius & Brüning. A. 20. 7. 68, B. 24. 2. 72. Kl.: 29a, 6/31. Int. Kl.: D 01d 5/12. A.-Z.: P 1760933. Entspr. FRP 2013420 u. GBP 1254755.

DTA 1660540. Verfahren zur Herstellung von endlosen fadenartigen Gebilden. Erf.: *Lam Hwat Gouw, Josef Hubert Voncken, Gene Wayne Powers* u. *Hans Frielingsdorf*. Anm.: Shell Internationale Research Maatschappij N. V., Den Haag (NL). A. 31. 8. 66, B. 4. 5. 72. Kl.: 29a, 6/04, Int. Kl.: D 01d 5/24. A.-Z.: P 1660540. Prior.: 2. 9. 65 (NL; A.-Z.: 6511455). Entspr. DLP 57923, FRP 1490987, GBP 1098770 u. USP 3480507.

GBP 1268861. Synthetische feinfasrige Produkte. Inh.: Algemene Kunstzijde Unie N. V. A. 14. 3. 69, B. 29. 3. 72. Kl.: B5.A, Int. Kl.: B 29d 3/00, 7/02, 23/04, 31/00. A.-Z.: 13610/69. Prior.: 16. 3. 68 (NL; A.-Z.: 6803777). Entspr. DTO 1913185.

GBP 1268908. Verfahren zum Schmelzspinnen aromatischer Polyester. Inh.: Imperial Chemical Industries Ltd. A. 28. 4. 70, B. 29. 3. 72. Kl.: B5.B, Int. Kl.: D 01d 5/10. A.-Z.: 26429/69. Entspr. DTO 2025109 u. FRP 2048728.

GBP 1276390. Herstellung von Faserstoffen aus Kunststoff-Filmen. Inh.: Imperial Chemical Industries Ltd. A. 19. 11. 69, B. 1. 6. 72. Kl.: B 5. B, Int. Kl.: D 01d 5/00, B 29c 17/14. A.-Z.: 56654/69.

GBP 1277100. Schmelzspinnverfahren. Inh.: Imperial Chemical Industries Ltd. A. 27. 10. 69, B. 7. 6. 72. Kl.: B5.B, Int. Kl.: D 01d 5/08, D 01f 7/04. A.-Z.: 52442/69. Entspr. DTO 2052729 u. FRP 2066566.

SUP 338566 (Urheberschein). Vorrichtung zum Naßerspinnen von Chemiefaserstoff. Erf.: *A. T. Serkov, I. G. Šimko, G. A. Budnickij, N. P. Šiškina, V. V. Skorobogatych, M. P. Čivilichina, G. V. Kuznecova* u. *E. P. Smirnova*. A. 31. 8. 70, B. 15. 5. 72. Int. Kl.: D 01d 5/06. A.-Z.: 1471582/28-12.

DTO 2039772. Spulvorrichtung mit Treibwalzenantrieb. Erf.: *Ernst Wunram* u. *Hansjoachim Busch*. Anm.: Barmag Barmer Maschinenfabrik AG, 5600 Wuppertal (DT). A. 11. 8. 70, B. 2. 3. 72. Kl.: 29a, 6/01, 76d, 2, Int. Kl.: D 01d 7/00, B 65h 54/08. A.-Z.: P 2039772. Entspr. DLP 90839 u. CHP 522556.

DTO 2042401. Fadenleitrolle. Erf.: *Stefan Staneff*. Anm.: Industriewerk Schaeffler oHG, 8522 Herzogenaurach. A. 27. 8. 70, B. 2. 3. 72. Kl.: 29a, 6/31, Int. Kl.: D01d 13/02. A.-Z.: P 2042401.

D 01f. Chemische Gesichtspunkte bei der Herstellung von künstlichen Fäden, Gespinsten, Fasern, Borsten oder Bändern

GBP 1269504. Flammfestes bromhaltiges Amidophosphat-Produkt. Inh.: Courtaulds Ltd. A. 23. 6. 69, B. 6. 4. 72. Kl.: C2.P, Int. Kl.: C 07f 9/24, D 01f 3/12. A.-Z.: 29935/68. Entspr. FRP 2011571.

DTO 1669493. Textilfasern mit verbesserter Anfärbbarkeit auf der Basis von synthetischen Hochpolymeren und Verfahren zu ihrer Herstellung. Erf.: *Giuseppe Cantatore* u. *Alberto Bonvicini*. Anm.: Montecatini Edison S.p.A., Mailand (IT). A. 11. 5. 66, B. 17. 2. 72. Kl.: 29b, 3/65, Int. Kl.: D 01f 7/02. A.-Z.: P 1669493 (M 69452). (Zus. z. Anm. m. A.-Z.: P 14 69105). Prior.: 14. 5. 65 (IT; A.-Z.: 10891-65). Vgl. auch DTO 1669498. Entspr. FRP 90042, GBP 1078585, u. USP 3454670.

JAP 7108455. Faserstoffe aus Styrol-Butadien-Blockcopolymeren. Erf.: *Keiko Yamamoto, Taiichi Murao, Shigeo Katsuyama* u. *Toshio Sasaki*. Inh.: Asahi Chemical Industry Co. Ltd. A. 10. 8. 67, B. 3. 3. 71. Int. Kl.: D 01f, C 08f.

JAP 7111456. Heißwasserbeständige Polyvinylalkoholfaserstoffe. Erf.: *Hidefumi Sato, Satoshi Ohzu* u. *Hideharu Kawaguchi*. Inh.: Yunichika Co. Ltd. A. 6. 6. 68, B. 23. 3. 71. Int. Kl.: D 01f.

JAP 7111464. Gekräuselte Spaltfaserstoffe aus einem Film. Erf.: *Kenzo Takashaka, Sadashi Okaya Toshihiko Kujime* u. *Hisao Umezu*. Inh.: Mitsubishi Rayon Co. Ltd. A. 15. 12. 67, B. 23. 3. 71. Int. Kl.: D 01f, B 29d.

USP 3655857. Verfahren zur Herstellung von Acrylnitrilpolymerlösung. Erf.: *Thomas C. Bohrer* u. *Antony E. Champ*. Inh.: Celanese Corp., New York, N.Y. A. 2. 10. 68. B. 11. 4. 72. Kl.: 264-206, Int. Kl.: D01f 7/00. 11 Anspr. A.-Z.: 764380.

D 02g. Kräuseln oder Krimpfen (Texturieren) von Fasern, Zwirnen oder Garnen; Garne oder Zwirne

DTO 1785344. Verfahren und Vorrichtung zur Kräuselung von Garnen od. dgl. Erf.: *Hans Schmidt, Heinrich Feldhoff, Wolfgang Martin, Heinz Fessmann* u. *Edelfried Hahn*. Anm.: Badische Anilin- & Soda-Fabrik AG, 6700 Ludwigshafen. A. 13. 9. 68, B. 17. 2. 72. Kl.: 29a, 6/20, Int. Kl.: D 02g 1/16. A.-Z.: P 1785344. Entspr. CHP 514696, FRP 2018047 u. USP 3640063.

DTO 2039621. Vorrichtung zum Kräuseln synthetischer Fadenscharen. Erf. nicht genannt. Anm.: Vepa AG, Basel (CH). A. 10. 8. 70, B. 17. 2. 72. Kl.: 29a, 6/20, Int. Kl.: D 02g 1/12. A.-Z.: P 2039621.

DTA 2035209. Antriebsrolle zum Antrieb eines magnetisch gelagerten Drehröhrchens. Erf.: *Hans Peter Langer* u. *Ernst Kaiser* Anm.: SKF Kugellagerfabriken GmbH, 8720 Schweinfurt. A. 16. 7. 70, B. 25. 5. 72. Kl.: 29a, 6/20, Int. Kl.: D 02g 1/04. A.-Z.: P 2035209.

CHP 525301. Falschdrallvorrichtung für die Herstellung texturierter synthetischer Textilgarne. Erf.: *Otto Titus Stutz*. Inh.: Heberlein & Co. AG, Wattwil. A. 5. 6. 70. Int. Kl.: D 02g 1/20. A.-Z.: 5359/71 (Teilges. v. Pat. m. A.-Z.: 8423/70). Entspr. DTO 2126117 u. FRP 2095802.

USP 3654677. Vorrichtung zum Texturieren von Garnen. Erf.: *Jack C. Binford, Fredrick A. Ethridge* u. *James R. Talbot*. Inh.: Fiber Industries Inc. A. 8. 8. 69, B. 11. 4. 72. Kl.: 28-1,3, Int. Kl.: D 02g 1/20. 11 Anspr. A.-Z.: 848549. Entspr. DTO 2039328.

GBP 1268486. Noppengarn. Inh.: Courtaulds Ltd. A. 4. 8. 69, B. 29. 3. 72. Kl.: D1.F, Int. Kl.: D 02g 3/04, 3/24, 3/34, D 02j 1/02, 1/06, 1/08. A.-Z.: 37166/68.

D 02j. Veredeln oder Ausrüsten von Fäden, Garnen, Zwirnen, Schnüren, Seilen od. dgl.

DTO 2040702. Verfahren zur Herstellung von endlosen Fäden aus profilierten Kunststoffbändern. Erf. u. Anm.: *Carlo Isvoranu*, 6000 Frankfurt. A. 17. 8. 70, B. 24. 2. 72. Kl.: 29a, 6/06, Int. Kl.: D 02j 3/04. A.-Z.: P 2040702.

PAPIER

D 21. Papierherstellung; Gewinnung von Cellulose bzw. Zellstoff

D 21c. Gewinnung von Cellulose durch Abscheiden nichtcelluloseartiger Substanzen von cellulosehaltigen Stoffen; Wiedergewinnung der Zellstoffablaugen; Vorrichtungen dafür

JAP 7110481. Verfahren und Vorrichtung zum Zellstoffaufschluß. Erf.: *Kiyoichi Onaka, Chikao Watanabe* u. *Kunihachi Izawa*. Inh.: Mitsubishi Heavy Industries Ltd. A. 10. 6. 67, B. 17. 3. 71. Int. Kl.: D 21c.

JAP 7110483. Verfahren und Vorrichtung zum Zellstoffaufschluß. Erf.: *Kiyoichi Onaka, Chikao Watanabe, Kunihachi Izawa* u. *Masamitsu Amano*. Inh.: Mitsubishi Heavy Industries, Ltd. A. 10. 6. 67, B. 17. 3. 71. Int. Kl.: D 21c 3/00.

DTO 2041566. Gegen Selbstentzündung stabilisierte Mischungen mit einem Gehalt an überwiegenden Mengen an Natriumdithionit. Erf.: *Shiri Shastri*. Anm.: Badische Anilin- & Soda-Fabrik AG, 6700 Ludwigshafen. A. 21. 8. 70, B. 24. 2. 72. Kl.: 55c, 1, Int. Kl.: D 21c 9/10. A.-Z.: P 2041566.

USP 3655505. Zweistufige Bleiche von Cellulosefaserstoffen unter Anwendung von gasförmigem ClO_2 in der einen Stufe und einer Peroxyverbindung in der anderen. Erf.: *Frederick H. Yorston* u. *Norman Liebergott*. Inh.: Pulp and Paper Research Institute of Canada, Pointe Claire, Quebec (CA). A. 12. 12. 69, B. 11. 4. 72. Kl.: 162-67, Int. Kl.: D 21c 9/14. 5 Anspr. A.-Z.: 884749 (Zus. z. Pat. m. A.-Z.: 559714. A. 23. 6. 66).

Sektion G. Physik

G 01. Messen; Prüfen

G 01b. Längen- und Dickenmesser; Teilvorrichtungen; Taster; Werkstattmeßgeräte; Lehren u. dgl.

SUP 334469 (Urheberschein). Gerät zur Messung des Schrumpfens von *Einzelfäden*. Erf.: *L. A. Fleksler, I. A. Dmitrieva* u. *N. T. Romanov*. Anm.: Vsesojuznyj naučno-issledovatel'skij Institut po Pererabotke chimičeskich Volokon. A. 28. 4. 69, B. 30. 3. 72. Int. Kl.: G 01b 5/02. A.-Z.: 1327672/28–12.

SUP 331248 (Urheberschein). Verfahren zur Bestimmung der mittleren Faserlänge. Erf.: *V. A. Kašin* u. *E. P. Krajneva*. Anm.: Vsesojuznyj gosudarstvennyj naučno-issledovatel'skij i proektnyj Institut asbestovoj Promyšlennosti. A. 17. 4. 70, B. 7. 3. 72. Int. Kl.: G 01b 7/18. A.-Z.: 1472041/23–33.

G 01n. Untersuchen der chemischen oder physikalischen Eigenschaften von Stoffen

SUP 334503 (Urheberschein). Universalgerät zur Bestimmung der mechanischen Kennwerte von Polymermaterialien. Erf.: *A. U. Gusev, Ju. S. Jakušev, I. S. Mal'cev* u. *A. F. Glebov*. A. 22. 7. 68, B. 30. 3. 72. Int. Kl.: G 01n 3/00. A.-Z.: 1260458/23–5.

SUP 339839 (Urheberschein). Verfahren zur Bestimmung der Verträglichkeit von Stabilisatoren mit Polyolefinen. Erf.: *Ju. I. Temčin, E. F. Burmistrov* u. *M. A. Kiseleva*. A. 7. 7. 70, B. 24. 5. 72. Int. Kl.: G 01n 5/04. A.-Z.: 1453671/23–5.

GBP 1269467. Vorrichtung zur Ermittlung von Fehlern in Garn. Inh.: *S. Peyer*. A. 30. 10. 70, B. 6. 4. 72. Kl.: G1.N, Int. Kl.: G 01n 27/24. A.-Z.: 51807/70. Prior.: 6. 11. 69 (CH; A.-Z.: 16507).

Literaturschau

Auszug aus Lieferung 1 und 2/1973 der Literaturschau „Faserstoffe und Textiltechnik", zusammengestellt von der Abteilung Information und Dokumentation des Instituts für Polymerenchemie der AdW der DDR, 153 Teltow-Seehof, Kantstr. 55

I. Wissenschaftliche Grundlagen

Allgemeines

(Untersuchungsmethoden u. a.)

Naganuma, S., Sakurai, T., Takahashi, Y., Takahashi, S.: Anwendung der dynamischen Elastizitätsanalyse (DSA). Kobunshi Kagaku, Tokyo (Chem. High Polymers) **29** (1972) 328 (8), S. 519–523. (jap.; engl. Zusammenfass.).

Birdi, K. S., Gabrielli, G., Pugelli, M.: Monomolekulare Schichten von Proteinen. Eine Untersuchung der Anwendung von Zustandsgleichungen für zweidimensionale Schichten. Kolloid-Z. u. Z. Polymere **250** (1972) 6, S. 591–593. (engl.).

Physik und Chemie der Hochpolymeren

Quadrat, O.: Viskosimetrische Eigenschaften von konzentrierten Polymerlösungen. II. Abhängigkeit der nicht-Newtonschen Viskosität von der thermodynamischen Güte und der Viskosität des Lösungsmittels. Coll. czechoslov. chem. Commun. **37** (1972) 9, S. 3039–3041.

Tsimpris, C. W., Suryanarayanan, B., Mayhan, K. G.: Beziehung zwischen Viskositätszahl und relativer Molekülmasse für Polystyrol in N,N-Dimethylformamid. J. Polymer Sci., A-2: Polymer Physics **10** (1972) 9, S. 1837–1839.

Kwei, T. K.: Diffusion in glasartigen Polymeren. IV. Bemerkungen zum anomalen Verhalten. J. Polymer Sci., A-2: Polymer Physics **10** (1972) 9, S. 1849–1851.

Small, P. A.: Einfluß langkettiger Verzweigungen auf die Verteilung des Polymerisationsgrades. Polymer, London **13** (1972) 11, S. 536–540.

Vinogradov, E. L.: Über den Gestalteffekt in Lösungen verzweigter Polymerer. Vysokomol. Soed. Hochmol. Verbind.) Serie A **14** (1972) 11, S. 2279–2284.

Arai, T., Asano, H.: Strömungsanalyse von geschmolzenem Polyäthylen durch einen parallelen Spalt nach der Strömungsdoppelbrechungsmethode. Kobunshi Kagaku, Tokyo (Chem. High Polymers) **29** (1972) 327 (7), S. 510–514. (jap.: engl. Zusammenfass.).

Read, B. E., Hughes, A. D., Barnes, D. C., Drury, F. W. M.: Messung des IR-Dichroismus, der Spannung und der Dehnung von gereckten Polymeren. Polymer, London **13** (1972) 10, S. 485–494.

Uemura, Y., Stein, R. S.: Veränderung des IR-Dichroismus während und nach der schnellen Dehnung von Polyäthylen. J. Polymer Sci., A-2: Polymer Physics **10** (1972) 9, S. 1691–1698.

Gul', V. E., Trifel', Ju. B., Abdullaev, N. A.: Untersuchung von Relaxationsübergängen in Polymeren unter Einwirkung von Magnetfeldern. 2. IR-spektroskopische Untersuchung in polarisiertem Licht von einem Magnetfeld ausgesetzten Polyvinylchloridfolien. Mech. Polimerov, Riga (Mech. der Polymeren) (1972) 5, S. 923–925.

Michel, R. E.: ESR-Untersuchung des mit Gamma- und Elektronenstrahlung bestrahlten Polyvinylchlorids. J. Polymer Sci., A-2: Polymer Physics **10** (1972) 9, S. 1841–1844.

Savickaja, A. N., Klimenko, I. B., Vol'f, L. A.: Untersuchung des molekularen Mechanismus des Überganges einiger amorph-kristalliner Polymerer aus dem nichtorientierten in den orientierten Zustand. Vysokomol. Soed. (Hochmol. Verbind.) **14** (1972) 11, S. 2325–2328.

Kurilenko, A. I., Krul', L. P.: Verstärkung von orientiertem Polyäthylen durch gepfropftes Polyacrylnitril. Dokl. Akad. Nauk SSSR (Ber. Akad. Wiss. UdSSR) **207** (1972) 2, S. 401–404.

Kimmel, H., Opitz, H.: Gefügedarstellung von Sphärolithen unter Anwendung der Ionenätzung. Kolloid-Z. u. Z. Polymere **250** (1972) 6, S. 573–575.

Marichin, V. A., Mjasnikova, L. P., Novak, I. I., Sučkov, V. A., Tuchvatullina, M. Š.: Molekulare Orientierung in Mikrofibrillen und die Festigkeit von orientiertem Polyäthylen. Vysokomol. Soed. (Hochmol. Verbind.) Serie A **14** (1972) 11, S. 2457–2461.

Georgiadis, T., Manley, R. St. J.: Die Morphologie von entstehendem Polyäthylen bei Herstellung mit dem löslichen Katalysator $(C_5H_5)TiCl_2$–R_2AlCl). Kolloid-Z. u. Z. Polymere **250** (1972) 6, S. 557–572. (engl.).

Allegra, G., Brückner, S., Crescenzi, V.: Einfluß der Gegenionen auf die ungestörten Abmessungen von Polyelektrolyten. European Polymer J. 8 (1972) 11, S. 1255–1263.

Shalaby, S. W., Fredericks, R. J., Pearce, Eli M.: Kristallinität bei Poly-N-Methyllaurolactam und dessen Copolymeren. J. Polymer Sci., A-2: Polymer Physics **10** (1972) 9, S. 1699–1707.

Calvert, P. D., Uhlmann, D. R.: Kristallisation von Polyäthylen bei hohem Druck. Eine kinetische Betrachtung. J. Polymer Sci., A-2: Polymer Physics **10** (1972) 9, S. 1811–1836.

Zlatev, V. B., Djurnbaum, V. S., Konkin, A. A.: Untersuchung des Fließens von Schmelzen des Polyäthylenterephthalats bzw. seiner Copolyester. Chim. Volokna (Chem. Fasern) (1972) 6, S. 28–30.

Funatsu, K., Mori, Y.: Messung der Normalspannungsdifferenz unter Anwendung des Baruseffektes. Kobunshi Kagaku, Tokyo (Chem. High Polymers) **29** (1972) 329 9), S. 638–642. (jap.; engl. Zusammenfass.).

Ciprin, M. G.: Über die Spannungen und reversiblen Verformungen beim Scherfließen von Polymerlösungen bzw. -schmelzen. Mech. Polimerov, Riga (Mech. der Polymeren) (1972) 5, S. 886–895.

Slucker, L. I., Čerejskij, Z. Ju., Utevskij, L. E., Min'kova, N. D., Stark, I. M.: Über die Beziehung zwischen den Elastizitätskriterien von Arimid PM und dem E-Modul seines Kristallgitters. Mech. Polymerov, Riga (Mech. der Polymeren) (1972) 5, S. 771–773.

Baltá-Calleja, F. J., Peterlin, A., Crist, B.: Plastische Deformation von Polypropylen. VII. Langperiode als Funktion der Temperatur und Reckgeschwindigkeit. J. Polymer Sci., A-2 Polymer Physics **10** (1972) 9, S. 1749–1756.

Kragel'skij, I. V.: Über die Natur der Reibung von Polymeren. Übersicht. Mech. Polimerov, Riga (Mech. der Polymeren) (1972) 5, S. 797–808.

Regel', V. R., Slucker, A. I.: Mikromechanik der Zerstörung von Polymeren. Vestnik Akad. Nauk SSSR (Mitt. Akad. Wiss. UdSSR) (1972) 11, S. 113–114.

Rafikov, S. R., Žuravleva, I. V., Ajupova, R. S., Pavlova, S. A., Valeckij, P. M., Kalačev, A. I., Vinogradova, S. V., Stanko, V. I., Koršak, V. V.: Untersuchung des Einflusses nukleophiler Substanzen auf den thermischen Abbau von Polymeren mit Carborangruppen in der Kette. Dokl. Akad. Nauk SSSR (Ber. Akad. Wiss. UdSSR) **207** (1972) 5, S. 1133 bis 1136.

Danilina, L. I., Telešov, Ė. N., Pravednikov, A. N.: Über den Mechanismus des thermischen Abbaues von aromatischen Polysulfonen. Dokl. Akad. Nauk SSSR (Ber. Akad. Wiss. UdSSR) **207** (1972) 5, S. 1121 bis 1124.

Berger, W., Otto, C., Ahlers, Kl.-D., Kuprat, D.: Beiträge zu Problemen der Prüfung der Thermostabilisierung von Polyamid 6. Faserforsch. u. Textiltechnik **23** (1972) 12, S. 512–518.

Peng, T. J., Landel, R. F.: Thermomechanisches Verhalten von kautschukartigen Stoffen. J. Polymer Sci., A-2: Polymer Physics **10** (1972) 9, S. 1681–1689.

Miyamoto, T., Shibayama, K.: Temperaturabhängigkeit der elektrischen Leitfähigkeit in Polymeren. Kobunshi Kagaku, Tokyo (Chem. High Polymers) **29** (1972) 327(7), S. 463–467. (jap.; engl. Zusammenfass.).

Aida, H., Ikoh, K., Watanabe, A., Suzuki, S., Tomokane, A.: Die Einfriertemperaturen von Copolymeren aus N-p-substituierten Maleinimiden und Methylacrylat. Kobunshi Kagaku, Tokyo (Chem. High Polymers) **29** (1972) 329 (9), S. 643–647. (jap.; engl. Zusammenfass.).

Frolov, V. I.: Einfluß geringer Zusätze von organischen Säuren auf das dielektrische Verhalten der Lösungen synthetischer Polypeptide in einem die Bildung von Helixstrukturen begünstigenden Lösungsmittel. Vysokomol. Soed. (Hochmol. Verbind.) Serie A **14** (1972) 11, S. 2317 bis 2324.

Kamada, K., Masuzawa, T., Yoshihara, T.: Gelchromatographische Bestimmung des Verzweigungsgrades in Polymeren. Kobunshi Kagaku, Tokyo (Chem. High Polymers) **29** (1972) 328(8), S. 566–571. (jap.; engl. Zusammenfass.).

Seno, H., Tsuge, S., Takeuchi, T.: Abschätzung der Grundbausteine in Polypropylen, die entgegengesetzt zur Hauptverknüpfungsrichtung angeordnet sind, mit Hilfe der Pyrolyse-Gaschromatographie. Makromol. Chemie **161** (1972) S. 185–193. (engl.).

Ždanov, G. S., Milinčuk, V. K.: Anhäufungskinetik von freien Radikalen in Polymeren bei gleichzeitiger oder periodischer Einwirkung von Licht und ionisierender Strahlung. Vysokomol. Soed. (Hochmol. Verbind.) Serie A **14** (1972) 11, S. 2405–2412.

Merle, Y.: Ionengleichgewicht zwischen einem Ionenaustauscher und einer Lösung von schwachen Polyelektrolyten gleichen Ladungsvorzeichens. European Polymer J. 8 (1972) 11, S. 1265–1279. (franz.).

Akiyama, S., Nakatomi, T., Kaneko, R.: Die Mischbarkeit von Polyvinylnitrat und Polymethylmethacrylat. Kobunshi Kagaku, Tokyo (Chem. High Polymers) **29** (1972) 328(8), S. 572–576. (jap.; engl. Zusammenfass.).

Terada, S., Ueda, N., Kondo, K., Takemoto, K.: Adsorption von Metallionen durch Cellulosederivate. Kobunshi Kagaku, Tokyo (Chem. High Polymers) **29** (1972) 327(7), S. 500–504. (jap.; engl. Zusammenfass.).

Yousufzai, A. H. K., Zafar, M. M., Shabih-Ul-Hasan: Radikalischer Abbau von Polyvinylchlorid. European Polymer J. **8** (1972) 11, S. 1231–1236.

Larsen, D. W.: Wirkung von Zusätzen auf ein hochmolekulares Polyäthylen. Nuova Chimica, Milano **48** (1972) 12, S. 29–32.

Zahn, H., Voparil, K., Ziegler, Kl.: Über die Fraktionierung von Seidenfibroin. Kolloid-Z. u. Z. Polymere **250** (1972) 6, S. 584–590.

Gibb., W. H., MacCallum, J. R.: Der photochemische Abbau von Polyvinylchloridfäden. II. European Polymer J. 8 (1972) 11, S. 1223–1230.

Nečaev, P. P., Moiseev, Ju. V., Kamzolkina, E. V., Geraščenko, Z. V., Vygodskij, Ja. S., Zaikov, G. E.: Abbau von Polyamiden und Polyimiden in aggressiven Medien. Mitt. 2. Mechanismus der sauren Hydrolyse und relative Reaktionsfähigkeit von aromatischen o-Carboxyamiden und entsprechenden Imiden. Izv. Akad. Nauk SSSR, Serija chim. (Nachr. Akad. Wiss. UdSSR, Chemie) (1972) 12, S. 2723–2727.

Fichman, V. D., Vajman, Ė. Ja., Pakšver, A. B., Minsker, K. S.: Dehydrochlorierungskinetik von Polyvinylchlorid in DMF-Lösungen. Vysokomol. Soed. (Hochmol. Verbind.) Serie A **14** (1972) 11, S. 2376–2384.

Fluorplasten — Werkstoffe der Zukunft. Internat. Dyer, Textile Printer, Bleacher, Finisher **148** (1972) 7, S. 394–396.

Polymerisation

McKenzie, I. D., Tait, P. J. T.: Ziegler/Natta-Katalyse: 5. Eine Untersuchung der relativen Molekülmasse. Polymer, London **13** (1972) 11, S. 510–514.

Krasulina, V. N., Erusalimskij, B. L.: Einfluß katalytischer Mengen von Lewis-Basen auf die Selektivität der aktiven Zentren bei der anionischen Copolymerisation von polaren Monomeren. Vysokomol. Soed. (Hochmol. Verbind.) Serie B: Kratkie Soobšč. (Kurzmitt.) **14** (1972) 11, S. 868 bis 869.

Tsuda, K., Kosegaki, Kimio: Durch S,S'-α-Diphenyldithiocarbonat photosensibilisierte Polymerisation. Makromol. Chemie **161** (1972) S. 267–276. (engl.).

Koenig, R., Lambla, M., Banderet, A.: Durch ein starkes elektrisches Feld induzierte Polymerisation. Nuova Chimica, Milano **48** (1972) 11, S. 95–97.

Schirawski, G.: Untersuchungen zur Copolymerisation von Pyrrolidon und Caprolactam. Makromol. Chemie **161** (1972) S. 69–83.

Sugiyama, K., Nakaya, T., Imoto, M.: Vinylpolymerisation. 281. Durch Tetramethyltetrazen und Nucleinsäurebasen initiierte radikalische Polymerisation von Acrylnitril. 283. Durch 1,4-Dimethoxycarbonyl-1,4-diphenyl-2-tetrazen initiierte Polymerisation von Acrylnitril. Makromol. Chemie **161** (1972) S. 207–218; 219–229. (engl.).

Doiuchi, T., Nakaya, T., Imoto, M.: Vinylpolymerisation. 284. Durch 4,4'-Diazidoazobenzol initiierte Polymerisation von Methylmethacrylat. Makromol. Chemie **161** (1972) S. 231–240. (engl.).

Sakota, N., Takahashi, K., Nishihara, K.: Durch Trithiocyanatotripyridin-Eisen(III)-Komplex induzierte Photopolymerisation von Methylmethacrylat. Makromol. Chemie **161** (1972) S. 173–184. (engl.).

Kabanov, V. A., Topčiev, D. A., Karaputadze, T. M.: Einfluß von Ionenpaaren auf die Mikrostruktur von Polymerketten bei der radikalischen Polymerisation von Acrylat- und Methacrylatanionen in wäßrigen Lösungen. Dokl. Akad. Nauk SSSR (Ber. Akad. Wiss. UdSSR) **206** (1972) 1, S. 115–117.

Ferruti, P., Bettelli, A., Feré, A.: Hochpolymere von Acryl- und Methacrylestern des N-Hydroxybernsteinsäureimids als Vorläufer für Polyacrylamid und Polymethacrylamid. Polymer, London **13** (1972) 10, S. 462–464.

Molotkov, V. A., Kurljankina, V. I., Klenin, S. I.: Untersuchung der Pfropfungskinetik von Acrylamid auf Cellulose in Gegenwart von Salzen des dreiwertigen Kobalts. Vysokomol. Soed. (Hochmol. Verbind.) Serie A **14** (1972) 11, S. 2478–2485.

Handa, T., Otsuka, N., Takahashi, A., Ayukawa, Y.: Beziehung zwischen der Art der Abbruchreaktion bei der Pfropfcopolymerisation auf vorbestrahlte Stärke und der Verteilung der relativen Molekülmasse der gepfropften Polymethylmethacrylatketten. Kobunshi Kagaku, Tokyo (Chem. High Polymers) **29** (1972) 329(9), S. 630–634. (jap.; engl. Zusammenfass.)

Bahr, U., Wieden, H., Rinkler, H.-A., Nischk, G.: Synthese neuer ungesättigter Comonomerer und ihre Copolymerisation mit Acrylnitril. Makromol. Chemie **161** (1972) S. 1–47.

Jaacks, V., Eisenach, Cl. D., Kern, W.: Über den Mechanismus der anionischen Polymerisation von Acrylnitril mit Triphenylphosphin. 7. Mitt. über Makrozwitterionen. Makromol. Chemie **161** (1972) S. 139–160.

Sakata, I., Sobue, H.: Strahlungsinduzierte Pfropfcopolymerisation von Styrol auf Lignin. Kobunshi Kagaku, Tokyo (Chem. High Polymers) **29** (1972) 327(7), S. 495–500. (jap.; engl. Zusammenfass.).

Yokota, K., Ogasawara, Sh., Takada, Y.: Zweistufenpolymerisation von o-Isopropenylstyrol. Kobunshi Kagaku, Tokyo (Chem. High Polymers) **29** (1972) 328(8), S. 587–592. (jap.; engl. Zusammenfass.).

Livingston, H. K., Senkus, R., Tai-Tung Hsieh, J., Kresta, J.: Die Polymerisation von Furan an Oberflächen. Makromol. Chemie **161** (1972) S. 101–111. (engl.).

Schirawski, G.: Untersuchungen zur anionischen Polymerisation von Pyrrolidon. Makromol. Chemie **161** (1972) S. 57–68.

Sonderfragen

Švarc, A. S., Gronskaja, E. V.: Einfluß der Tenside auf die Eigenschaften von Klebstoffen auf der Basis von Nairit NT. Izv. vysšich uč. Zav. Technol. legkoj Prom. (Hochschulnachr. Technol. Leichtind.) (1972) 4, S. 73–75.

II. Faserstoffe. Ausgangsstoffe usw.

Ein Faserbruchatlas. Teil 7. Textile Manuf. **99** (1972) 1171, S. 16–17.

Naturfaserstoffe

Pflanzliche Faserstoffe

Novák, J.: Bestrebungen und Ergebnisse der Flachsanbauer in der ČSSR. Inform. Přehled. Výzkumný Úst. Lýkových Vláken, Sumpark (Inform.-Übers. Bastfaserforsch.-Inst.) (1972) 1, S. 3–11. (mit dt., franz., engl., russ. Zusammenfass.).

Tierische Faserstoffe

Sparrow, L. G., Crewther, W. G.: Eine weitere Möglichkeit zur Bestimmung der S-Carboxymethylkeratin-Fraktion mit niedrigem Schwefelgehalt von Wolle durch Acrylamid-Gel-Elektrophorese. J. Textile Inst. **63** (1972) 11, S. 619–621.

Chemiefaserstoffe

Kól, M.: Neuentwickelte Eigenschaften von Textilien sowie Struktur und Eigenschaften der Chemiefaserstoffe. Chem. Vlákna, Svit (Chem. Fasern) **22** (1972) 5, S. 88–100.

Pakšver, A. B., Serebrjakova, Z. G.: Neues in der Ausrüstung von Chemiefaserstoffen und ihrer Vorbereitung zur textilen Verarbeitung. Ž. vsesojuz. chim. Obšč. Mendeleeva (Z. chem. Allunions-Mendelejew-Ges.) **17** (1972) 6, S. 659–662.

Bieser, H.: Einzelheiten aus dem Typenprogramm der Chemiefaserhersteller für textile Filamentgarne. Chemiefasern/Textilind. **22/74** (1972) 10, S. 912–916; 11, S. 1010–1015.

Cellulose und Zellstoff

Sakata, I., Miyata, N., Senju, R.: Pfropfcopolymerisationen von N-Methylolacrylamid auf Holzfasern und Zellstoffen. Kobunshi Kagaku, Tokyo Chem. High Polymers) **29** (1972) 328(8), S. 577–582. (jap.; engl. Zusammenfass.).

Sjöström, E., Välttilä, O.: Inhibierung des Kohlenhydratabbaues während der Sauerstoffbleiche. Teil I. Vergleich verschiedener Zusätze. Paperi ja Puu, Helsinki (Papier u. Holz) **54** (1972) 11, S. 695–705.

Willicks: Synthetische Polymere bei der Papierherstellung. Chemiefasern/Textilind. **22/74** (1972) 12, S. 1150, 1153.

Göttsching, L.: Die Zukunft des synthetischen Papiers aus Folien. Papier **26** (1972) 10A (Vortragsheft **1972**), S. 720–732.

Regeneratfaserstoffe

Jayme, G., El-Kodsi, G.: Über die Änderung der Kettenlängenverteilung während der Vorreife von Alkalicellulose. Papier **26** (1972) 10A (Vortragsheft 1972), S. 590–599.

Akim, G. L., Bej'zer, È. Ju., Mel'jačenko, S. I., Poletaeva, G. P.: Untersuchung des Verhaltens von Zellstoff während der Alkalisierung und Vorreife. Chim. Volokna (Chem. Fasern) (1972) **6**, S. 44–46.

Štepanova, G. A., Kaller, A. L., Poljakova, G. V., Mogilevskij, E. M.: Über einige Besonderheiten der Naßsulfidierung von Alkalicellulose. Chim. Volokna (Chem. Fasern) (1972) 6, S. 15–17.

Mogilevskij, E. M., Serkov, A. T.: Neues in der Produktion von Viskosefaserstoffen. Ž. vsesojuz. chim. Obšč. Mendeleeva (Z. chem. Allunions-Mendelejew-Ges.) **17** (1972) 6, S. 618–625.

Kotomina, I. N., Serkov, A. T.: Einfluß der Fällbadtemperatur auf die Struktur und die physikalisch-mechanischen Eigenschaften von Viskosecord. Chim. Volokna (Chem. Fasern) (1972) 6, S. 39–41.

Bol'bit, N. M., Frenkel', S. Ja.: Untersuchung des Mechanismus der Pfropfung von Vinylmonomeren in heterogener Phase auf künstliche und biologische Faserstoffe. Vysokomol. Soed. (Hochmol. Verbind.) Serie A **14** (1972) 11, S. 2297–2300.

Synthetische Faserstoffe

Smirnov, L. N., Tichonova, T. I., Charitonov, V. M.: Moderne Methoden zur Thermo- und Photostabilisierung von synthetischen Faserstoffen. Ž. vsesojuz. chim. Obšč. Mendeleeva (Z. chem. Allunions-Mendelejew-Ges.) **17** (1972) 6, S. 669–676.

Zbieranowski, Z., Nikiel, A.: Polnische Polyesterfäden in der Augenchirurgie. Technik włokienn. (Textiltechn.) **21** (1972) 9, S. 279–280.

Krajnova, A. E., Lebedeva, A. I., Krajnov, Ju. V.: Herabsetzung der Schrumpfung von Kapron-Faserstoff durch thermische Nachbehandlung. Chim. Volokna (Chem. Fasern) (1972) 6, S. 57–59.

Kuz'min, È. V., Goršenev, V. I., Ambajnis, Ja. Ja., Nefedova, I. T.: Ergebnisse des Einsatzes eines automatischen Kontrollsystems für die Feinheit von Kapronfäden im Chemiefaserwerk Daugavpils. Chim. Volokna (Chem. Fasern) (1972) 6, S. 19–20.

Serkov, A. T., Koževnikov, Ju. P., Kudrjavcev, G. I., Serkova, L. A.: Abschätzung der gegenseitigen Diffusionskonstante des Lösungsmittels und des Fällmittels beim Erspinnen von Polysulfonamidfaserstoff. Chim. Volokna (Chem. Fasern) (1972) 6, S. 30–32.

Akbarov, D. N., Geller, A. A., Geller, B. È., Ereščenko, A. G., Ubajdullaev, B. Ch.: Modifizierung von Nitron-Faserstoff mit Kationen aus der Untergruppe des Nickels. Chim. Volokna (Chem. Fasern) (1972) 6, S. 7–9.

Heimlich, S.: PRD-49: Konkurrenz für die Glasfaser? Chemiefasern/Textilind. **22/74** (1972) 12, S. 1089–1090.

Skwarski, T., Mikołajczyk, W., Gbyl, L., Struszczyk, H.: Über die Hydroperoxid- und Peroxidgruppen in oxydiertem Polypropylenfaserstoff. Polimery, Warszawa **17** (1972) 8, S. 426–429.

Kazakov, E. I., Kostomarova, M. A., Smutkina, Z. S., Kazakov, M. E., Karpova, N. F., Kasatočkin, V. I., Radimov, N. P.: Untersuchung der Zusammensetzung der bei der Carbonisierung von Polyacrylnitrilfaserstoff entstehenden flüchtigen Produkte. Chim. Volokna (Chem. Fasern) (1972) 6, S. 27–28.

Courtaulds präsentierte Celon Anti-Stat. Chemiefasern/Textilind. **22/74** (1972) 12, S. 1090–1091.

Judin, A. V., Egorov, B. A.: Polyformaldehydfaserstoffe. Ž. vsesojuz. chim. Obšč. Mendeleeva (Z. chem. Allunions-Mendelejew-Ges.) **17** (1972) 6, S. 639–643.

Herstellung monoaxialer gestreckter Folienfäden. Internat. Textil-Bull., Zürich. Weltausgabe Weberei (1972) 3, S. 219–220.

Künstliche mineralische Faserstoffe

Franc, J.: Glasseide. Textilveredlung, Weinfelden/Schweiz **7** (1972) 6, S. 377–379.

Fialkov, A. S., Smirnov, B. N., Bondarenko, N. V., Zajčikov, S. G., Poljakova, N. V., Michajlova, V. A., Baver, A. I.: Untersuchung der Struktur von Kohlenstoffäden mit Hilfe des Rasterelektronenmikroskops. Mech. Polimerov, Riga (Mech. der Polymeren) (1972) 5, S. 925–926.

Konkin, A. A., Konnova, N. F.: Kohlenstoffäden. Ž. vsesojuz. chim. Obšč. Mendeleeva (Z. chem. Allunions-Mendelejew-Ges.) **17** (1972) 6, S. 632–639.

Ausgangsstoffe. Schaumstoffe. Kautschuk

Celiščev, V. D., Najdin, V. N.: Untersuchung des Einflusses der Schrumpfung und der Trocknungsbedingungen auf die Eigenschaften des Cellophans. Chim. Volokna (Chem. Fasern) (1972) 6, S. 49–51.

Vinogradov, G. V., Malkin, A. Ja., Plotnikova, E. P., Sabsai, O. Ju., Nikolajeva, N. E. (Schreibw. i. Orig.: *Malkin, A. Ya., Sabsai, O. Yu., Nikolayeva, E. N.*): Viskoelastische Eigenschaften von verstärkten Polymeren. Internat. J. polymeric Materials **2** (1972) 1, S. 1–27.

III. Fäden-Herstellungstechnologien

Spinnerei. Zwirnerei

Die Spinnerei im Umbruch. Chemiefasern/Textilind. **22/74** (1972) 11, S. 959.

Albrecht, W.: Optimierung des Mischungsverhältnisses von Spinnfasergarnen aus Chemiefasern und Wolle für die Herstellung von Oberbekleidung. Chemiefasern/Textilind. **22/74** (1972) 11, S. 976–980.

Spinnereivorbereitung

Diagnose: braune Lunge; Prognose: Elend. Textile World **122** (1972) 10, S. 38–43, 45–46, 49–50, 52, 59–60, 62, 65–66.

Chavkin, V. P., Movšovič, P. M.: Über die Garnbildung nach dem ST-Verfahren. Tekstil. Prom., Moskva (Textil-Ind.) **31** (1972) 9, S. 33–36.

Sorokina, G. S., Poljak, T. B.: Der Einfluß der neuen Technik auf den Leistungsgehalt der Belegschaft von Baumwollbetrieben. Izv. vysšich uč. Zav. Technol. tekstil. Prom. (Hochschulnachr. Technol. Textil-Ind.) (1972) 4, S. 13–17.

Brunet, I. R.: Mittelfaser: Gelegenheiten und Gefahren. Textile Ind. **136** (1972) 9, S. 97, 99, 101, 104.

Spinnerei

Damjanov, G.: Über einige Probleme und Tendenzen bei der Entwicklung neuartiger Spinnverfahren. Tekstil. Prom., Sofija (Textil-Ind.) **21** (1972) 9, S. 435–439.

Hearle, J. W. S., Lord, P. R., Senturk, N.: Faserwanderung in Offen-End gesponnenen Garnen. J. Textile Inst. **63** (1972) 11, S. 605–617.

Krause, H. W., Soliman, H. A.: Offen-End-Spinnen mit Falschdrahtelementen. Textilveredlung, Weinfelden/Schweiz **7** (1972) 8, S. 554–559.

Turčaninov, A. A., Slyvakov, V. E.: Aufgaben der Spezialisierung und Konzentration der Produktion in der Wollindustrie. Tekstil. Prom., Moskva (Textil-Ind.) **31** (1972) 9, S. 9–11.

Pirogov, K. M.: Einige Probleme der Methodik zur Berechnung des wirtschaftlichen Nutzeffekts durch eine erhöhte Zuverlässigkeit der Kleinkarden. Izv. vysšich uč. Zav. Technol. tekstil. Prom. (Hochschulnachr. Technol. Textil-Ind.) (1972) 4, S. 17–20.

Karameševa, M., Spirov, B.: Herstellung von trockengesponnenem Mischgarn aus Flachs und Polyester. Tekstil. Prom., Sofija (Textil-Ind.) **21** (1972) 9, S. 439–443.

Zwirnerei

Die Zwirnmaschine Giudici Mod. TG4.F. Textilia, Milano **48** (1972) 12, S. 35–37.

Erzeugnisse der Spinnerei und Zwirnerei

Ašnin, N. M.: Zum Problem eines Schnellverfahrens zur Bewertung der Florqualität. Izv. vysšich uč. Zav. Technol. tekstil. Prom. (Hochschulnachr. Technol. Textil-Ind.) (1972) 4, S. 43–47.

Die Reinigung von Garnen für Teppiche. Textilia, Milano **48** (1972) 12, S. 39–42.

Texturfäden

Seidel, L. E.: Strecktexturierung: mehr Fragen als Antworten. Textile Ind. **136** (1972) 9, S. 105–106, 109, 111.

Wehmann, M., Leuther, H. G.: Heizeinrichtungen, Temperaturmessung und Überwachung für moderne Texturierverfahren. Chemiefasern/Textilind. **22/74** (1972) 11, S. 1028–1031.

Usenko, V. A.: Neue Verfahren zur Verarbeitung von Chemiefaserstoffen. Z. vsesojuz. chim. Obšč. Mendeleeva (Z. chem. Allunions-Mendelejew-Ges.) **17** (1972) 6, S. 663–669.

IV. Flächengebilde-Herstellungstechnologien

Materialvorbereitung

Ecumage – ein neuer technischer Begriff. Internat. Textil-Bull, Zürich. Weltausgabe Spinnerei (1972) 3, S. 324, 329.

Fatdachov, R. M.: Abhängigkeit der Länge des auf eine konische Spule aufgewundenen Fadens vom dem Drehungswinkel der Spulentrommel. Izv. vysšich uč. Zav. Technol. tekstil. Prom. (Hochschulnachr. Technol. Textil-Ind.) (1972) 4, S. 71–74.

Pöhlmann, Kl.: Probleme in der Schlichterei. Chemiefasern/Textilind. **22/74** (1972) 11, S. 1031–1032.

Maryčev, A. A., Zubrjakov, V. I., Ginesin, G. I.: Schlichten von Spinnfaser- und Baumwollgarn mit Reismehl. Tekstil. Prom., Moskva (Textil-Ind.) **31** (1972) 9, S. 54–55.

Weberei

Broeckel, G., Primosch, W.: Rechnerkontrollierte Produktion in der Weberei. Ind. textile, Paris (1972) 1016, S. 729–732.

Schulze, A.: Webmaschinen und Fabrikationstechnik für Frottierwaren. Internat. Textil-Bull., Zürich, Weltausgabe Weberei (1972) 3, S. 195–196, 203–204, 211–214.

Černikina, L. A.: Einfluß der Struktur eines Gewebes auf seine Bildungsbedingungen auf der Webmaschine. Izv. vysšich uč. Zav. Technol. tekstil. Prom. (Hochschulnachr. Technol. Textil-Ind.) (1972) 4, S. 75–78.

Zuzański, Fl.: Zentrale Registrierung der Werte einer Weberei und Möglichkeiten ihrer automatischen Verarbeitung. Technik włókienn. (Textiltechn.) **21** (1972) 8, S. 251–256.

Wdowiak, T.: Textil-Fußbodenbeläge. Derzeitiger Entwicklungsstand der modernen Fußbodenbeläge. Technik włókienn. (Textiltechn.) **21** (1972) 9, S. 295–299.

Weberei-Technologie

Onikov, E. A., Zabolin, A. A., Bulancev, A. A.: Ökonomischer Nutzeffekt von Mehrfachwebmaschinen. Tekstil. Prom., Moskva (Textil-Ind.) **31** (1972) 9, S. 49–52.

Uspasskich, S. M.: Einige Ursachen des nicht gleichzeitigen Abarbeitens der Ketten auf den Webmaschinen STB-2-330. Izv. vysšich uč. Zav. Technol. tekstil. Prom. (Hochschulnachr. Technol. Textil-Ind. (1972) 4, S. 83–87.

Jederan, M.: Ein technologischer Vergleich zwischen Webmaschinen neueren Typs. Magyar Textiltechn. **24** (1972) 11, S. 577–583.

Erzeugnisse der Weberei

Gordeev, V. A., Lejzina, V. M.: Über die Herstellung von Geweben mit erhöhter Dichte. Izv. vysšich uc. Zav. Technol. tekstil. Prom. (Hochschulnachr. Technol. Textil-Ind.) (1972) 4, S. 64–66.

Tichomirova, E. V., Glazyrina, G. M., Chimenkov, S. V.: Herstellung und Eigenschaften von Zeltgeweben aus Baumwollgarn mit Kapronkernfäden. Izv. vysšich uč. Zav. Technol. tekstil. Prom. (Hochschulnachr. Technol. Textil-Ind.) (1972) 4, S. 25–27.

Drozd, M. I., Varkoveckij, M. M.: Vergleichende Beurteilung der Eigenschaften von Geweben aus Ringspinn- und Spindellosgarn mit Hilfe der verallgemeinerten Wunschfunktionen. Izv. vysšich uč. Zav. Technol. tekstil. Prom. (Hochschulnachr. Technol. Textil-Ind.) (1972) 4, S. 34–37.

Statulov, I.: Quantitative Beurteilung der Vielfalt von Köperbindungen. Tekstil. Prom., Sofija (Textil-Ind.) **21** (1972) 9, S. 443–447.

Wirkerei und Strickerei. Konfektionstechnik. Sonstige Technologien

Konstruktion von Doppelgestrick. Textile Ind. **136** (1972) 5, S. 108–110, 112–116, 152; 9, S. 119–123.

Brown, T. L.: Einige Vorstellungen über die Herstellung von Raschel-Zierbettdecken. Brit. Knitting Ind. **45** (1972) 520, S. 59, 62–63.

Smith, D.: Verstrickbarkeit von Wollgarnen in Doppeljerseystoffen – Optimierung der Garnfeinheit. Brit. Knitting Ind. **45** (1972) 520, S. 82, 101.

Wirkerei- und Strickerei-Technologie

Citovič, I. G.: Besonderheiten des Arbeitsprozesses auf Flachwirk- und Flachstrickmaschinen. Izv. vysšich uč. Zav. Technol. legkoj Prom. (Hochschulnachr. Technol. Leichtind.) (1972) 4, S. 117–119.

Pipa, B. F.: Vervollkommnung der Maschenbildungssysteme der Rundstrickmaschine „Vanit". Izv. vysšich uč. Zav. Technol. legkoj Prom. (Hochschulnachr. Technol. Leichtind.) (1972) 5, S. 142–144.

Grebowski, J.: Zylinderstrickmaschine Modell „Celestram A" zur Herstellung von Jacquardgestricken mit geringem Musterungsrapport. Technik włókienn. (Textiltechn.) **21** (1972) 8, S. 259–265.

Pawlek, E.: Richtungen für den Einsatz von Polyäthylenbändchen in der Wirkerei und Strickerei. Technik włókienn. (Textiltechn.) **21** (1972) 9, S. 281–283.

Balland, M.: Praktische Anwendung des Entspannungstests für die Regulierung/Einrichtung von Maschentextilien. Brit. Knitting Ind. **45** (1972) 520, S. 78, 81, 91.

Böttcher, P.: Die Malimo-Nähwirkverfahren und die Chemiefaserstoffe. Formeln, Faserstoffe, Fertigware, Rudolstadt (1972) 1, S. 22–31.

Erzeugnisse der Wirkerei und Strickerei

Morris, W. J.: Herstellung und Einsatz von Strickgarnen aus Polyestertexturseide. Brit. Knitting Ind. **45** (1972) 520, S. 88–91.

Konfektion

Duch, G., Rogowski, M.-L.: Qualitätsgerechte Zutaten – Voraussetzung für die Herstellung von Bekleidungserzeugnissen mit hohem Gebrauchswert. Bekleid. u. Maschenware **11** (1972) 5, S. 202–205.

Bekleidungshygienische Gesichtspunkte bei der Entwicklung von Unterkleidung. Bekleid. u. Maschenware **11** (1972) 5, S. 228–232.

Sonstige Technologien

Jakl, V.: Herstellungsverfahren und Anwendungsmöglichkeiten für einige bei uns und im Ausland hergestellten Arten von Riemen. Inform. Přehled. Výzkumný Úst. Lýkových Vláken, Sumperk (Inform.-Übers. Bastfaserforsch.-Inst.) (1972) 1, S. 12–37. (mit dt., franz., engl., russ. Zusammenfass.).

Textilverbundstoffe

Artz, W.: Textile und andere hochwertige Wandbekleidungen. Textilveredlung, Weinfelden/Schweiz **7** (1972) 6, S. 371–376.

Kittelmann, W.: Zum Einsatz von Chemiewerkstoffen für textile Flächengebilde nach neuen technologischen Verfahren. Dt. Textiltechnik **22** (1972) 11, S. 669–674.

Drzymała, B.: Einige Probleme der Auswahl von Rohstoffen und Bindemitteln bei der Herstellung von Klebvliesstoffen. Technik włókienn. (Textiltechn.) **21** (1972) 9, S. 299–303.

Knölker, M.: Verbundstoffe für Oberbekleidung Textilia, Milano **48** (1972) 12, S. 61–65.

Faserverbundstoffe. Vliesstoffe

Iovleva, M. M., Načinkin, O. I., Papkov, S. P., D'jakonova, E. B., Bandurjan, S. I., Ruban, I. G.: Über den Bildungsmechanismus von faserartigen Folienmaterialien („Fibrids") aus Polymerlösungen. Vysokomol. Soed. (Hochmol. Verbind.) Serie B: Kratkie Soobšč. (Kurzmitt.) **14** (1972) 11, S. 862–865.

Knaus, R.: Einbringen von Mustern in Nadelfilze. Textile Manuf. **99** (1972) 1169, S. 48–51.

Mrożewska, H.: Technisch-technologische Charakteristik der tschechoslowakischen Nadelmaschinen. Technik włókienn. (Textiltechn.) **21** (1972) 8, S. 265–269.

Fadenverbundstoffe

Ploch, S., Scholtis, W.: Maschinenverkettung und Kontinue-Anlagen mit Mali-Nähwirkmaschinen. Internat. Textil-Bull., Zürich. Weltausgabe Weberei (1972) 3, S. 269–270, 273–274, 277–280.

Fritsch, B., Fritsch, U.: Einsatz der Nähwirktechnologie für technische Stoffe. Techn. Textilien **15** (1972) 5, S. 120–124.

Schichtstoffe

Auf dem Deckenmarkt. Ind. textile, Paris (1972) 1016, S. 714.

V. Textilveredlung

Farbstoffe. Textilhilfsmittel

Boffa, G., Gemini, V.: Ein neues, chlorechtes Romanthrenblau, eine Neuheit auf dem Gebiet der Küpenfarbstoffe. Chemiefasern/Textilind. **22/74** (1972) 12, S. 1123–1124.

Mayer, U.: Klassifizierung kationischer Farbstoffe nach chemischen Strukturmerkmalen. Textilveredlung, Weinfelden/Schweiz **7** (1972) 8, S. 492–498.

Dawson, T. L.: Die Rolle der anionaktiven und kationaktiven Egalisiermittel für Polyamidfaserstoff. Textile Manuf. **99** (1972) 1171, S. 30, 32–34.

Bleicherei. Sonstige Vorbehandlungsverfahren der Textilveredlung

Iliescu, E., Grindes, M.: Über den Einfluß von Beuchverfahren auf einige Fasercharakteristiken. Ind. textilă, București **23** (1972) 10, S. 587–589.

László, L.: Bleichen von Textilien aus synthetischen Faserstoffen. Textilreinigung **19** (1972) 10, S. 311.

Färberei

Ostermeier, L.: Reform einer Färbungsnumerierung. Chemiefasern/Textilind. **22/74** (1972) 12, S. 1121–1123.

Suchecki, S. M.: Lösungsmittelfärben: der Fortschritt kommt aus Europa. Textile Ind. **136** (1972) 9, S. 44–46, 49.

Schnerring, K.: Das Färben im Lösungsmittelmilieu. Ind. testile, Paris (1972) 1016, S. 751–754.

Chalmatov, M. Ch., Kim, A. P., Ešanov, Ch. E.: Untersuchung der Farbstoffdiffusion in den Fasern nach dem Neutronen-Aktivierungsverfahren. Izv. vysšich uč. Zav. Technol. tekstil. Prom. (Hochschulnachr. Technol. Textil-Ind.) (1972) 4. S. 96–99.
Borisov, A. M., Mel'nikov, B. N., Pakšver, A. B.: Einfluß der Cellulosefaserstruktur auf die Thermodynamik des Färbeprozesses mit Küpenfarbstoffen. Izv. vysšich uč. Zav. Technol. tekstil. Prom. (Hochschulnachr. Technol. Textil-Ind.) (1972) 4, S. 88–93.
Beckmann, W., Hamacher-Brieden, H., Leckebusch, H. J., Wiegner, H. D.: Methoden zur rationellen Färbung von Polyester-Textilien unter besonderer Berücksichtigung charakteristischer Faser- und Farbstoffdaten. Textilveredlung, Weinfelden/Schweiz **7** (1972) 8, S. 498–506.
Furrer, W.: Praktische Hinweise zum Färben von Tufting-Teppichen aus Polyesterfasern. Textilveredlung, Weinfelden/Schweiz **7** (1972) 6, S. 379 bis 384.
Senner, P.: Verfahrenstechnische Möglichkeiten und Grenzen des gleichzeitigen Spulens, Bauschens und Färbens von Polyacrylnitril-Hochbausch-Garnen in der Kontinue-Garnfärbeanlage. Textilveredlung, Weinfelden/Schweiz **7** (1972) 8, S. 507–519.
Schuierer, M., Bergholtz, N.: Schnellfärben von Wickelkörpern in kurzer Flotte im Brückner-Tupulsar. Chemiefasern/Textilind. **22/74** (1972) 12, S. 1128–1129.
Färben von Doppeljerseystoffen, die aus nach dem Chlor/Hercosett-Verfahren behandelten Garnen hergestellt wurden, auf der Haspel. Brit. Knitting Ind. **45** (1972) 519, S. 72–74, 90.

Druckerei

McCartney, J.: Fadenverdrehung — ein hartnäckiges Probelm für Drucker. Textile Manuf. **99** (1972) 1171, S. 42–43.
Müller, J.: Zum Thema Teppichdruck Verfahrenstechnik, Verdickungsmittel, Nachbehandlung. Chemiefasern/Textilind. **22/74** (1972) 12, S. 1115–1121.
Hofstetter, R., Koltai, P.: Das Bedrucken textiler Bodenbeläge. Textilveredlung, Weinfelden/Schweiz **7** (1972) 6, S. 385–395.
Mordasova, N. A.: Kontinueverfahren zum Spülen von bedruckten Geweben. Tekstil. Prom., Moskva (Textil-Ind.) **31** (1972) 9, S. 68.

Ausrüstung. Trocknung

Textilveredlungsbetrieb arbeitet mit Lösungsmitteln. Textile Ind. **136** (1972) 9, S. 50, 52.
Wolfgang, W. G., Gradel, G.: Verbesserung der Verarbeitung von Baumwollgarnen in der Wirkerei und Strickerei durch chemisches Ausrüsten. Textile Manuf. **99** (1972) 1169, S. 17–18.
Gavrilova, L. M., Sokolova, V. B., Robakovskaja, E. E., Sorokin, E. Ja., Vol'f, L. A., Ternjaeva, T. G.: Verleihung antistatischer Eigenschaften an die mikrobenfeste Faser Letilan. Tekstil. Prom., Moskva (Textil-Ind.) **31** (1972) 9, S. 29–30.
Brunner, L.: Bandmagazine — eine neue Lagertechnik für Schmutzwäsche in Wäschereien. Textilreinigung **19** (1972) 10, S. 293–295.
Hellsten, M., Karlsson, G., Emanuelsson, J.: Alkylphosphate als Inhibitoren der Metallkorrosion in Komplexbildner enthaltenden Waschmitteln. Tenside, München 8 (1971) 5, S. 237–247. (engl.).
Scheller, M., Heise, W., Staszat, K.: Zur Fixierung von Polyamidfaserstoffen. Dt. Textiltechnik **22** (1972) 11, S. 691–695.
Brown, T. D., Mehta, P. N.: Die Herstellung von waschbaren Doppeljersey-Wollstoffen durch Fixieren der aus krumpfarm ausgerüsteten Garnen hergestellten Maschenstoffe im Autoklaven. Brit. Knitting Ind. **45** (1972) 519, S. 60–62, 65, 67–68, 71.
Das Shirley-Institut und der Kampf gegen die durch Feuer hervorgerufenen Unfälle. Ind. textile Paris (1972) 1016, S. 750.
Holštejn, L.: Wasserdichtausrüstung von technischen Geweben aus Polypropylenseide durch Auftragstechnologie. Textil, Praha **27** (1972) 10, S. 333–336.
v. Hornuff, G. Mauer, W.: Überblick über die Theorie des Systems Perchloräthylen/Tensid/Wasser. Dt. Textiltechnik **22** (1972) 11, S. 683–690.

Wäscherei. Chemische Reinigung

Knofe, G.: Technologie der Spezialbearbeitungsstraße für Trocken- und Glättwäsche der Bevölkerung (TGW-H). Textilreinigung **19** (1972) 12, S. 367–371.
Lampe, B.: Qualitätssicherung an der Bearbeitungsstraße für Trocken- und Glättwäsche für die Bevölkerung. Textilreinigung **19** (1972) 12, S. 371 bis 373.
Monshausen, K.: Kritische Betrachtung der gewerblichen Reinigungsverfahren für textile Bodenbeläge. I. Reiniger + Wäscher **25** (1972) 12, S. 32–33.
Tettenborn, K.: Mechanisierte Pendelfiltrierzentrifuge Type FZPo 1200 Tr. Textilreinigung **19** (1972) 10, S. 296–297.
Krauß, T.: Rationalisierung im Mangelbereich. II. Textilreinigung **19** (1972) 10, S. 291–293.

VI. Werkstoffprüfung. Meß- und Prüftechnik. Standardisierung

Eigenschaften und Fehler der Textilmaterialien u. a.

Vass, G.: Das Problem der Vernoppung bei der Verarbeitung von Synthesefasern. Magyar Textiltechn. **24** (1972) 11, S. 588–594.
Kudrjavceva, A. G., Mogilevskij, E. M., Papkov, S. P.: Zum Zusammenhang zwischen der Festigkeit und dem DP von Regeneracellulosefaserstoffen. Chim. Volokna (Chem. Fasern) (1972) 6, S. 61–63.
Neverov, A. P., Pakšver, È. A.: Zum Effekt der relativen Aufweitung von Polymergelen bei einachsigem Zug. Mech. Polimerov, Riga (Mech. der Polymeren) (1972) 5, S. 927–929.
Serova, L. D., Kudrjavcev, G. I., Chudošev, I. F.: Zum Kriechverhalten der thermisch beständigen Faserstoffe Oksalon und Sul'fon T. Chim. Volokna (Chem. Fasern) (1972) 6, S. 63–65.
Osadčij, V. D., Socenko, N. K., Maklakova, A. V., Papešin, Ju. N.: Verwendung von wasserlöslichem synthetischem Papier auf der Grundlage von Polyvinylalkoholfasern für die chemische Analyse. Izv. vysšich uč. Zav. Technol. legkoj Prom. (Hochschulnachr. Technol. Leichtind.) (1972) 4, S. 70–72.
Golovnja, V. D., Semak, B. D., Prichod'ko, N. V., Junak, R. G.: Verschleißfestigkeit von Geweben aus Kernmantel-Texturgarn. Tekstil. Prom., Moskva (Textil-Ind.) **31** (1972) 9, S. 75–78.
Perner, H., Jain, K. C.: Der Einfluß von Fadenfeinheit und Nähfadenzugkraft auf die Festigkeit von Nähgewirken aus Baumwollfäden. Faserforsch. u. Textiltechnik **23** (1972) 12, S. 501–506.
Nosova, L. V., Pavlov, A. I.: Dynamik der Pillingbildung auf Textilien. Izv. vysšich uč. Zav. Technol. legkoj Prom. (Hochschulnachr. Technol. Leichtind.) (1972) 4, S. 36–40.
Polikarpov, I. S.: Einfluß der Triacetatfasern auf die Knittereigenschaften von Spinnfasergeweben. Izv. vysšich uč. Zav. Technol. legkoj Prom. (Hochschulnachr. Technol. Leichtind.) (1972) 4, S. 41–46.
Gogalla, D.: Durch welche Maßnahmen kann der Textiltechnologe den Feuchtetransport in der Bekleidung beeinflussen? Dt. Textiltechnik **22** (1972) 11, S. 696–698.
Keszthely, A., Dakas, M.: Der Einsatz von radioaktiven Strahlen in der Textilindustrie. II. Magyar Textiltechn. **24** (1972) 11, S. 603–608.
Pechoč, V., Staš, J.: Die Erwärmung von Faserstoffen an heißen Oberflächen. Chem. Vlákna, Svit (Chem. Fasern) **22** (1972) 5, S. 75–77.

Meß- und Prüftechnik

Luchian, A., Andreicovici, G. H.: Methoden zur Trennung des Lanthionins und seine Bestimmung in Wollfasern. Ind. textilă, Bucureşti **23** (1972) 10, S. 612–616.
Różycki, A.: Die Metrologie des Garns in der Ära der technischen Revolution. Technik włókienn. (Textiltechn.) **21** (1972) 8, S. 247–251.
Zosin, L. P., Pokrovskaja, L. V., Utevskij, L. E.: Anwendung des Zugprüfgeräts ZT-4 zur Aufzeichnung von isometrischen Erwärmungskurven. Chim. Volokna (Chem. Fasern) (1972) 6, S. 65–66.
Prevorsek, D. C., Peckinpaugh, F. L., Kubu, E. T.: Faktoren, die die Wärmeentwicklung in Reifencord beeinflussen. Chem. Vlákna, Svit (Chem. Fasern) **22** (1972) 5, S. 82–87.
Izmay, F.: Der Gebrauchswert von Bodenbelägen und seine Bestimmung. Magyar Textiltechn. **24** (1972) 11, S. 595–598.
Kosareva, L. P., Kukin, G. N., Askadskij, A. A.: Analyse der Versuchsergebnisse von Fadenprüfungen auf Zugprüfmaschinen verschiedener Typen. Izv. vysšich uč. Zav. Technol. tekstil. Prom. (Hochschulnachr. Technol. Textil-Ind.) (1972) 4, S. 21–24.
Požidaev, N. N., Pavlov, A. I., Simonenko, D. F., Blinčevskij, G. K., Gajnutdinov, A. B.: Universalpulsator UP-1 zur Prüfung von Maschentextilien und Geweben. Izv. vysšich uč. Zav. Technol. legkoj Prom. (Hochschulnachr. Technol. Leichtind.) (1972) 5, S. 152–154.
Rozycki, A.: Zeitgemäße Probleme der Bestimmung von relativer Luftfeuchte. Magyar Textiltechn. **24** (1972) 11, S. 599–602.
Samson, A.: Der Flüssigkeitsstrom aus einer Düse durch eine zusammendrückbare poröse Schicht. Teil IV. Die Wirkung einer untergetauchten, geraden, turbulenzfreien Flüssigkeitsdüse auf ein kompressibles, poröses Medium. J. Textile Inst. **63** (1972) 11, S. 584–595.

Standardisierung. Terminologie

Šubina, I.: Neue GOST. Chim. Volokna (Chem. Fasern) (1972) 6, S. 71–72.
Winkler, F.: Standardisierte Begriffe der Textilprüfung und verwandter Gebiete. 1. Statische Zugprüfung Beiblatt F: Systematische und alphabetische Gliederung der Begriffe in französischer Sprache. Faserforsch. u. Textiltechnik **23** (1972) 12, S. 525–534.

VII. Betriebstechnik. Ökonomie. Tagungsberichte und dgl.. Sonderfragen

Spirito, F.: Die Baumwollfabrik Olcese-Veneciano. Textilia, Milano **48** (1972) 11, S. 63–66, 69–72.
Masselli, J. W., Masselli, N. W., Burford, M. G.: Biochemischer Sauerstoffbedarf? Chemischer Sauerstoffbedarf? Gesamtsauerstoffbedarf? Gesamter organischer Kohlenstoff? Textile Ind. **136** (1972) 9, S. 53–54, 56, 60.

Betriebstechnik

Korasiewicz, J.: Vergangenheit, Gegenwart und Zukunft der Energetik der Textilindustrie. Przegl. włókienn. (Textil-Rdsch.) **26** (1972) 8, S. 424 bis 426.
Wolf, J.: Beleuchtungsmessungen in Betrieben der Textilindustrie. Przegl. włókienn. (Textil-Rdsch.) **26** (1972) 8, S. 474–480.
Bobiński, A.: Neue Lösungsrichtungen der Klimatisierung für die Textilindustrie. Przegl. włókienn. (Textil-Rdsch.) **26** (1972) 8, S. 451–453.

Ökonomie

Hoffmann, M.: Gebrauchswert-Kosten-Analyse in der Textilindustrie. Dt. Textiltechnik **22** (1972) 11, S. 665–668.
Cuciureanu, A.: Möglichkeiten zur Senkung der Produktionskosten in Spinnereien der Textilindustrie. Ind. textilă, Bucureşti **23** (1972) 10, S. 590–597.
Kershaw, A.: Wo stehen wir in Europa? Die Maschenstoffindustrie Großbritanniens in einer erweiterten EWG. Brit. Knitting Ind. **45** (1972) 519, S. 27, 28, 30, 32, 88.
Pilisi, J.: Vorhersagen der technischen Fortschritte in der Weberei für 1973 bis 1975. Ind. textile, Paris (1972) 1016, S. 723–724.
Tendenzen im Weltverbrauch an Textilfasern. Tekstil. Prom., Moskva (Textil-Ind.) **31** (1972) 9, S. 30–31.
Gutes Jahr für Waschmittel-Phosphat. Chem. engng. News **50** (1972) 42, S. 2.

Sonderfragen

Valk, G., Heidemann, G.: Ausbildung von Ingenieuren und Chemikern für die Textilveredlungsindustrie von morgen. Chemiefasern/Textilind. **22/74** (1972) 12, S. 1132–1133.
Berechnung der Kosten für die Ausbildung von Arbeitskräften. Brit. Knitting Ind. **45** (1972) 520, S. 83–87.
Bezzenberger, H.: Die derzeitige Situation und Entwicklungstendenzen auf dem Gebiet des Patentwesens. Chemie-Ing. Technik **44** (1972) 22, S. 1271 bis 1276.
Forte, F.: Die Mode als Produktionsfaktor auf dem Gebiet der Textilplanung. Textilia, Milano **48** (1972) 12, S. 11–18.
Tenside. Ein Lagebericht. Sub-Council Report März 1971 des National Industriel Pollution Control Council. Tenside, München 8 (1971) 4, S. 200–202 (engl.).
Lintner, A. E.: Verwirrung in der Waschmittelindustrie der Vereinigten Staaten. Tenside, München 8 (1971) 5, S. 259–261.